高等院校数字艺术精品课程系列教材

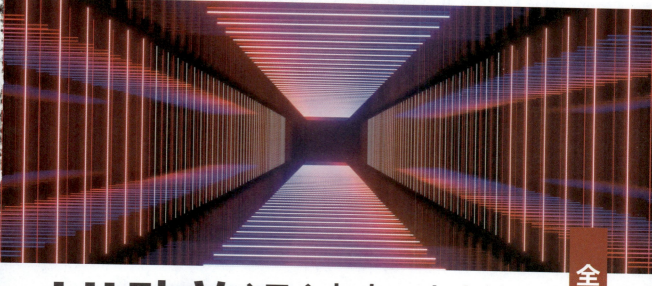

UI动效设计与制作

全彩慕课版

周学军 杨彧 主编／王开明 彭玲 孙青 副主编

人民邮电出版社

北京

图书在版编目（CIP）数据

UI动效设计与制作：全彩慕课版 / 周学军，杨彧主编. -- 北京：人民邮电出版社，2023.1

高等院校艺术设计精品系列教材

ISBN 978-7-115-20394-6

Ⅰ．①U… Ⅱ．①周… ②杨… Ⅲ．①人机界面—程序设计—高等学校—教材 Ⅳ．①TP311.1

中国版本图书馆CIP数据核字(2021)第265605号

内 容 提 要

本书全面系统地介绍 UI 动效设计与制作的相关知识点和基本技巧，包括初识 UI 动效、After Effects 软件基础、UI 基础动效制作、H5 界面动效制作、Web 界面动效制作和 App 界面动效制作等内容。

除第 1 章外，全书内容均以课堂案例为主线，每个案例都有详细的操作步骤及实际应用环境展示，学生通过实操可以快速熟悉 UI 动效制作并领会其中的设计思路。在主要章节的最后，本书还安排了课堂练习和课后习题，可以拓展学生对 UI 动效制作的实际应用能力。

本书可作为高等院校、高职高专院校数字媒体艺术类专业课程的教材，也可供初学者自学参考。

◆ 主　　编　周学军　杨　彧

　　副主编　王开明　彭　玲　孙　青

　　责任编辑　桑　珊

　　责任印制　焦志炜

◆ 人民邮电出版社出版发行　　北京市丰台区成寿寺路 11 号

　　邮编　100164　电子邮件　315@ptpress.com.cn

　　网址　https://www.ptpress.com.cn

　　临西县阅读时光印刷有限公司刷

◆ 开本：787×1092　1/16

　　印张：15.75　　　　　　　　　2023 年 1 月第 1 版

　　字数：434 千字　　　　　　　2023 年 1 月河北第 1 次印刷

定价：89.80 元

读者服务热线：(010)81055256　印装质量热线：(010)81055316
反盗版热线：(010)81055315
广告经营许可证：京东市监广登字 20170147 号

PREFACE ——————— 前言

UI 动效简介

UI 动效即界面的动态效果。按照应用场景的不同，UI 动效可以简单地分为 H5 界面动效、Web 界面动效和 App 界面动效。UI 动效内容丰富，应用前景广阔，已经成为当下设计领域关注度非常高的方向之一。

如何使用本书

Step1　精选基础知识，快速了解 UI 动效设计与制作

学习相关概念

了解应用领域

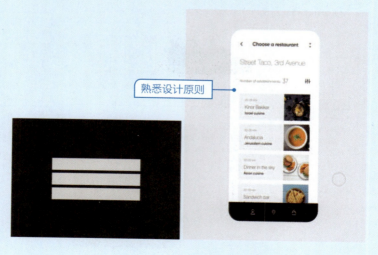

熟悉设计原则

After Effects

认识主流软件

软件基础知识

其他浮动面板

菜单栏

"项目"面板

"合成"窗口

"时间轴"面板

工具栏

Step2 知识点解析 + 课堂案例，熟悉设计思路，掌握制作方法

完成知识点学习后进行案例制作

3.2.1 课堂案例——服装饰品 Banner 文字动效制作

【案例学习目标】学习使用"横排文字工具"输入文字，使用"路径选项"制作文字路径动画，使用蒙版工具制作蒙版动画。

了解目标和要点

【案例知识要点】使用"横排文字工具"输入文字，使用"钢笔工具"绘制路径，使用"矩形工具"创建蒙版动画，使用"路径选项"制作文字动画效果。服装饰品 Banner 文字动效制作效果如图 3-59 所示。

【效果所在位置】云盘 \Ch03\3.2.1 课堂案例——服装饰品 Banner 文字动效制作 \ 工程文件 .aep。

精选典型商业案例

扫码观看案例详细制作步骤

图 3-59

1. 导入素材

选择"文件 > 导入 > 文件"命令，在弹出的"导入文件"对话框中，选择云盘中的"Ch03\3.2.1 课堂案例——服装饰品 Banner 文字动效制作 \ 素材 \01.jpg"文件，如图 3-60 所示。单击"导入"按钮，将文件导入"项目"窗口中，如图 3-61 所示。

步骤详解

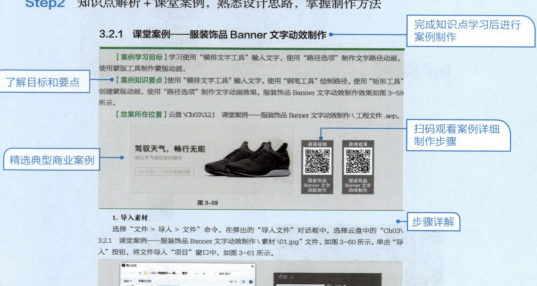

图 3-60   图 3-61

After Effects

PREFACE 前言

Step3 课堂练习 + 课后习题，拓展应用能力

更多商业案例

3.3.2 课堂练习——电商平台图标动效制作

【案例练习目标】练习使用“填充颜色”选项填充文字，使用“修剪路径”选项制作动画效果。

【案例知识要点】使用“填充颜色”选项填充文字，使用“修剪路径”选项制作路径动画，利用“不透明度”选项制作动画效果。电商平台图标动效制作效果如图 3-163 所示。

【效果所在位置】云盘\Ch03\3.3.2 课堂练习——电商平台图标动效制作\工程文件.aep。

扫码观看制作视频

慕课视频 电商平台图标动效制作

最终效果 电商平台图标动效制作

图 3-163

复习本章所学知识

3.5.3 课后习题——文化传媒 H5 首页文字动效制作

【案例学习目标】学习使用“横排文字工具”输入文字，使用“效果和预设”窗口中的效果制作动画，使用“钢笔工具”绘制路径，使用“描边”和“梯度渐变”效果制作文字动画。

【案例知识要点】使用“横排文字工具”输入文字，使用“伸缩进入每行”动画预设、“缓慢淡化打开”动画预设、“子弹头列车”动画预设和“底线”动画预设制作文字动画效果，使用“钢笔工具”创建蒙版路径，使用“梯度渐变”效果制作文字渐变，使用“描边”效果制作文字动画。文化传媒 H5 首页文字动效制作效果如图 3-271 所示。

【效果所在位置】云盘\Ch03\3.5.3 课后习题——文化传媒 H5 首页文字动效制作\工程文件.aep。

慕课视频 文化传媒 H5 首页文字动效制作

最终效果 文化传媒 H5 首页文字动效制作

图 3-271

Step4 循序渐进，演练真实商业项目制作过程

UI 基础动效制作

After Effects

H5 界面动效制作

Web 界面动效制作

App 界面动效制作

配套资源及获取方式

● 所有案例的素材及最终效果文件、全书 6 章 PPT 课件、课程标准、课程计划、教学教案、详尽的课堂练习和课后习题的操作步骤，任课教师可登录人邮教育社区（www.ryjiaoyu.com），在本书页面中免费下载使用。

● 全书慕课视频获取方式。读者可直接登录人邮学院网站（www.rymooc.com）或扫描封底上的二维码，使用手机号码完成注册并在首页右上角单击"学习卡"选项，输入封底刮刮卡中的激活码，即可在线观看视频。扫描书中二维码也可以使用移动设备观看视频。

教学指导

本书的参考学时为 64 学时，其中实训环节为 32 学时，各章的参考学时参见下面的学时分配表。

章	课 程 内 容	学 时 分 配	
		讲　授	实　训
第 1 章	初识 UI 动效	4	0
第 2 章	After Effects 软件基础	4	4
第 3 章	UI 基础动效制作	8	8
第 4 章	H5 界面动效制作	4	8
第 5 章	Web 界面动效制作	8	8
第 6 章	App 界面动效制作	4	4
课 时 总 计		32	32

本书约定

本书案例素材所在位置：云盘 \ 章号 \ 案例名 \ 素材，如云盘 \Ch03\3.3.1　课堂案例——旅游出行图标动效制作 \ 素材。

本书案例效果文件所在位置：云盘 \ 章号 \ 案例名 \ 效果文件，如云盘 \Ch03\3.3.1　课堂案例——旅游出行图标动效制作 \ 工程文件 .aep。

本书中关于颜色设置的表述，如白色（255、255、255），括号中的数字分别为其 R、G、B 的值。

由于编者水平有限，书中难免存在不妥之处，敬请广大读者批评指正。

编者

2022 年 10 月

After Effects

CONTENTS ——————————————— 目录

After Effects

 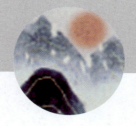  

━04━

第4章　H5界面动效制作

CONTENTS ———————————— 目录

—05— 　　　　　　—06—

第 5 章　Web 界面动效制作　　　　　第 6 章　App 界面动效制作

扩展知识扫码阅读

设计基础知识

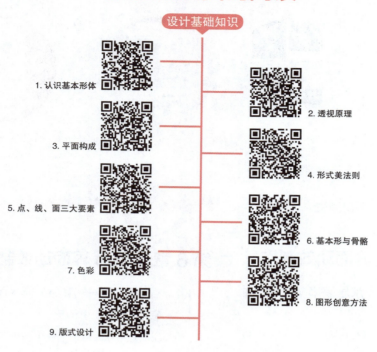

1. 认识基本形体

3. 平面构成

5. 点、线、面三大要素

7. 色彩

9. 版式设计

2. 透视原理

4. 形式美法则

6. 基本形与骨骼

8. 图形创意方法

设计应用知识

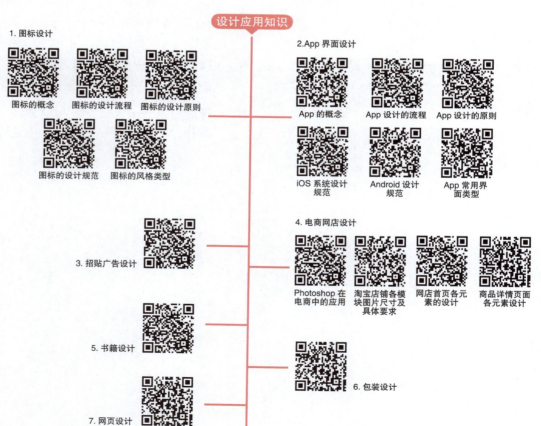

1. 图标设计

图标的概念　　图标的设计流程　　图标的设计原则

图标的设计规范　　图标的风格类型

2.App 界面设计

App 的概念　　App 设计的流程　　App 设计的原则

iOS 系统设计规范　　Android 设计规范　　App 常用界面类型

3. 招贴广告设计

4. 电商网店设计

Photoshop 在电商中的应用　　淘宝店铺各模块图片尺寸及具体要求　　网店首页各元素的设计　　商品详情页面各元素设计

5. 书籍设计

6. 包装设计

7. 网页设计

第1章
01
初识 UI 动效

▶ **本章介绍**

    随着互联网市场的发展及成熟，企业对于 UI 设计从业人员的要求已经趋向复合型。同时能够提升界面体验舒适度的 UI 动效被 UI 行业愈发重视及需要，因此想要进入 UI 动效行业的人员需要系统地学习与更新自己的知识体系以适应市场的变化与满足相应需求。本章针对这种需求，对 UI 动效的基本概念、价值表现、设计原则、应用领域、常用软件以及设计流程进行系统讲解。通过本章的学习，读者可以对 UI 动效有一个宏观的认识，有助于高效、便利地进行后续 UI 动效设计与制作的工作。

学习目标

- 熟悉 UI 动效的基本概念
- 了解 UI 动效的价值表现
- 了解 UI 动效的设计原则
- 熟悉 UI 动效的应用领域
- 熟悉制作 UI 动效的常用软件
- 掌握 UI 动效的设计流程

慕课视频

初识 UI 动效

1.1　UI 动效的基本概念

　　UI 动效即界面动态效果，是将界面中的元素通过位置、缩放、旋转、不透明度、形状、颜色等多种属性变化，在遵循设计规范、符合物理规律的基础之上制作出的动态效果。合理的 UI 动效可以带给用户自然、舒适、愉悦的体验，如图 1-1 所示。

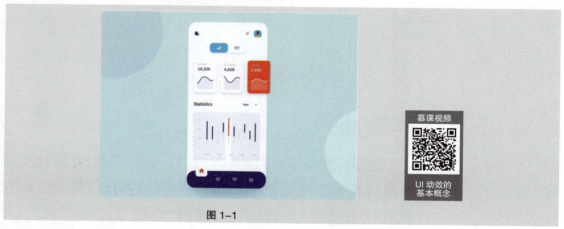

图 1-1

1.2　UI 动效的价值表现

1. 增加界面活力

　　UI 动效可以为产品增加趣味性，吸引用户注意力，突出界面重点。图 1-2 所示为一款物流运输 Web 界面动效，随着 Banner 的展示，界面中的插图会产生快递员运输物品的动效，令原本静止的界面立刻充满生机。

图 1-2

2. 描述层级关系

　　UI 动效可以清晰地体现元素之间的层级与空间关系，降低用户的认知成本。图 1-3 所示为一款健康睡眠类 App 界面动效，随着用户点击图像，图像会逐渐放大并移动至界面顶部，进入详情页。这种动效清晰地展示了层级变化。

图 1-3

3. 提供操作反馈

UI 动效可以在用户操作后提供细腻的动效反馈,加强用户操作的操纵感以及代入感。图 1-4 所示为一款饮品类 App 界面动效,随着按钮的点击,按钮本身的大小以及颜色会发生变化,同时果汁量也会根据操作增加,从而提供用户操作反馈。

图 1-4

4. 增加舒适体验

UI 动效可以提升产品易用性,增加用户舒适体验,减少用户使用的不适感。图 1-5 所示为一款旅游类 Web 界面动效,随着鼠标滚轮的滚动,界面中的风景元素会逐个、有层次地出现,进行顺滑的过渡,从而增加观看时的舒适体验。

图 1-5

图 1-5（续）

1.3 UI 动效的设计原则

1. 缓动

当发生动效时，界面元素的动作应自动缓动，与用户预期相符，如图 1-6 所示。

慕课视频

UI 动效的
设计原则

图 1-6

2. 偏移与延迟

当加入新的界面元素或场景时，可以使用"偏移与延迟"表达元素之间的关系和结构，如图 1-7 所示。

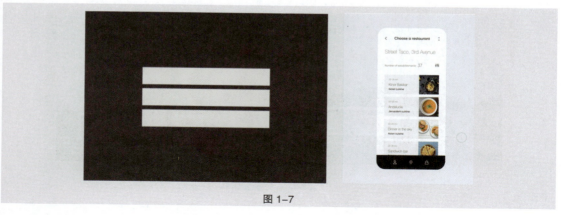

图 1-7

3. 父子动效

当界面元素较多时，可以使用"父子动效"创建它们在空间和时间上的层次、等级关系，如图 1-8 所示。

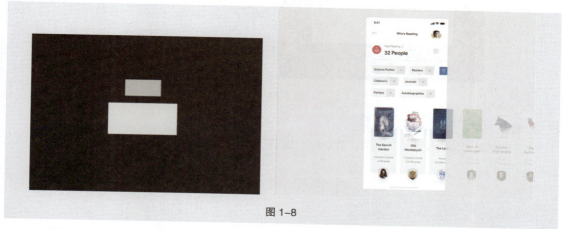

图 1-8

4. 形变

当界面元素动效发生变化时，可以通过"形变"创建连续的叙事流程状态，如图 1-9 所示。

图 1-9

5. 值变

当界面元素的值发生变化时，可以使用连续动态的方式表达前后之间的关联，如图 1-10 所示。

图 1-10

6. 蒙版 / 遮罩

当功能通过显示或隐藏界面元素的某个部分来实现时，可以使用蒙板来创造连续性效果，如图 1-11 所示。

图 1-11

7. 覆盖

当不同层级对象的位置相关联时，可以使用"覆盖"来创建叙事性和对象间的空间关系，如图 1-12 所示。

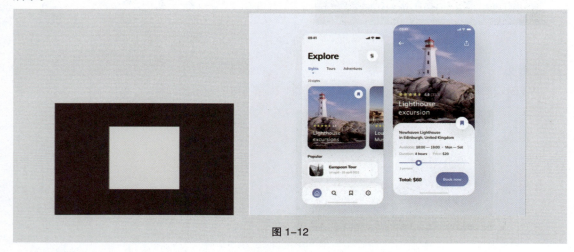

图 1-12

8. 生成

当新的界面元素需要从已有界面元素复制出来时，可以使用"生成动画"创造连续性、关联性和叙事性，如图 1-13 所示。

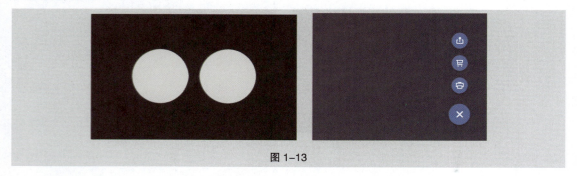

图 1-13

9. 朦胧

当用户在空间上定位自己与非当前视觉层级中的交互对象或场景的关系时，可以使用"朦胧动画"，使用户了解前因后果及空间关系，如图 1-14 所示。

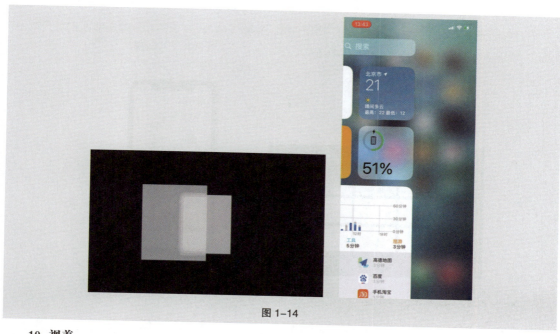

图 1-14

10. 视差

当用户滚动界面时，可以使用"视差"在视觉平面中创建空间层次，如图 1-15 所示。

图 1-15

11. 翻转

当新的界面元素产生或消失时，可以使用具有空间架构的描述方式来表现，如图 1-16 所示。

图 1-16

12. 平移与缩放

当对界面元素和空间关系进行引导时，可以使用"平移与缩放"，保持动效的连续性和空间叙述，如图 1-17 所示。

图 1-17

1.4 UI 动效的应用领域

UI 动效的应用领域非常广泛，常见的应用领域有 H5 界面动效、Web 界面动效、App 界面动效等，如图 1-18 所示。UI 动效还具体应用于界面中的图标动效、控件动效及组件动效等，如图 1-19 所示。

图 1-18

图 1-19

1.5 制作 UI 动效的常用软件

制作 UI 动效的常用软件包括界面设计类软件、动效制作类软件，如图 1-20 所示。其中
Sketch、Figma、Principle、Flino、Framer、Hype、Origami、Keynote 都是只能在 mac 系统
上进行安装、操作的软件。

图 1-20

1.6 UI 动效的设计流程

UI 动效设计属于 UI 设计中的一个环节，在视觉设计与技术开发之间有着承上启下的重要作用。
UI 动效的设计流程可以细分为 6 个步骤，如图 1-21 所示。

1. 项目沟通

针对项目进行相关沟通，明确 UI 项目的功能及目标用户，初步确定 UI 动效的样式。

2. 动效准备

在视觉设计软件中，将需要做动画的图层进行分解，整理好图层关系。

3. 梳理方案

梳理 UI 动效的动态逻辑，估算制作的难度、成本以及使用工具和制作方法。

4. 动效制作

使用 After Effects 等相关软件进行 UI 动效制作，实现动态效果。

5. 体验优化

体验时，UI 动效需要不断打磨推敲，进行各种调整，以达到细腻顺滑的程度。

6. 动效输出

最后，将 UI 动效输出为项目需要的格式，便于技术开发。

图 1-21

After Effects 软件基础

▶ 本章介绍

　　After Effects 软件作为制作 UI 动效方便快捷的软件之一，已成为大部分设计师制作 UI 动效的首选软件。学好 After Effects 软件基础，不仅能快速地进行软件的实践操作，更能够为接下来的 UI 基础动效项目制作打下基础。本章对 After Effects 工作界面及 After Effects 工作流程环节中的导入素材、新建合成、管理素材、制作动画、保存预览以及渲染导出进行系统讲解。通过本章的学习，读者可以对 After Effects 软件有一个基本的认识，并快速掌握利用 After Effects 软件制作 UI 动效的基础操作。

学习目标

- 熟悉 After Effects 的工作界面
- 熟悉 After Effects 的工作流程
- 掌握 After Effects 导入素材等的方法

慕课视频

After Effects
软件基础

2.1　After Effects 工作界面

启动 After Effects 软件，可以看到它的标准工作界面，如图 2-1 所示。

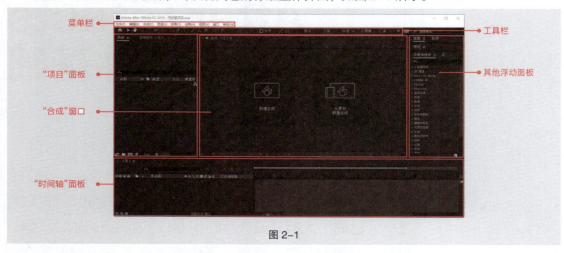

图 2-1

1. 菜单栏

菜单栏包含文件、编辑、合成等菜单，如图 2-2 所示。通过菜单栏可以访问多种命令、打开调整各类参数的界面以及访问各种窗口等。

图 2-2

2. 工具栏

工具栏包含用于在合成中添加元素和编辑元素的各类工具，如图 2-3 所示。

图 2-3

- "选取工具" ▶：使用此工具，在"合成"窗口中可以选择和移动对象。
- "手形工具" ✋：使用此工具，当对象被放大至超过"合成"窗口的显示范围时，可以在"合成"窗口中进行拖曳，查看超出部分。
- "缩放工具" 🔍：使用此工具，在"合成"窗口中单击可以放大显示比例；按住 Alt 键不放，在"合成"窗口中单击可以缩小显示比例。
- "旋转工具" ↻：使用此工具，在"合成"窗口中可以旋转操作对象。
- "统一摄像机工具" 🎥：使用此工具，必须要在创建摄像机的基础之上。在该工具按钮上按住鼠标左键不放，会显示出其他 3 个工具，分别是"轨道摄像机工具""跟踪 XY 摄像机工具"和"跟踪 Z 摄像机工具"，如图 2-4 所示。
- "向后平移（锚点）工具" ▦：使用此工具，在"合成"窗口中可以调整对象的中心点位置。
- "矩形工具" ▢：使用此工具，在"合成"窗口中，可以绘制形状以及为对象创建矩形蒙版。

在该工具按钮上按住鼠标左键不放，会显示出其他4个工具，分别是"圆角矩形工具""椭圆工具""多边形工具"和"星形工具"，如图2-5所示。

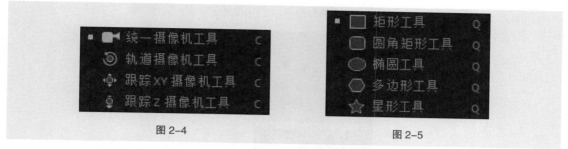

图 2-4   图 2-5

- "钢笔工具" ![pen]：使用此工具，可以在"合成"窗口中绘制形状以及为对象添加不规则的蒙版图形。在该工具按钮上按住鼠标左键不放，会显示出其他4个工具，分别是"添加'顶点'工具""删除'顶点'工具""转换'顶点'工具"和"蒙版羽化工具"，如图2-6所示。

- "横排文字工具" ![text]：使用此工具，在"合成"窗口中，可以为对象添加文字，并且进行文字的特效制作。在该工具按钮上按住鼠标左键不放，会显示出另一个工具，即"直排文字工具"，如图2-7所示。

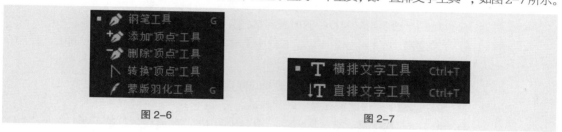

图 2-6   图 2-7

- "画笔工具" ![brush]：使用此工具，在"合成"窗口中，双击进入素材的编辑模式，可以进行绘制操作。
- "仿制图章工具" ![stamp]：使用此工具，在"合成"窗口中，双击进入素材的编辑模式，可以复制素材中的像素。
- "橡皮擦工具" ![eraser]：使用此工具，在"合成"窗口中，双击进入素材的编辑模式，可以擦除多余的像素。
- "Roto 笔刷工具" ![roto]：使用此工具，在"合成"窗口中，双击进入素材的编辑模式，可以拖出前景元素。在该工具按钮上按住鼠标左键不放，会显示出另一个工具，即"调整边缘工具"，如图2-8所示。
- "人偶位置控点工具" ![puppet]：使用此工具，在"合成"窗口中，可以确定人物动画的关节点位置。在该工具按钮上按住鼠标左键不放，会显示出其他4个工具，分别是"人偶固化控点工具""人偶弯曲控点工具""人偶高级控点工具"和"人偶重叠控点工具"，如图2-9所示。

图 2-8   图 2-9

3."项目"窗口

"项目"窗口主要用于导入、查看以及组织项目中使用的素材。通过"项目"窗口底部的按钮可解释素材、新建文件夹、新建合成、修改项目的颜色深度和删除所选项目等，如图 2-10 所示。

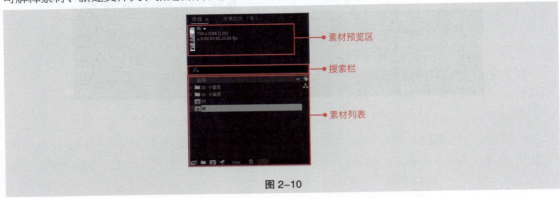

图 2-10

- 素材预览区：此处用于显示当前选中素材的缩略图以及名称、尺寸、颜色等基本信息。
- 搜索栏：此处用于快速查找所需要的素材。
- 素材列表：此处用于显示当前项目中的所有素材。
- "解释素材"按钮 ：单击此按钮可以设置选中素材的 Alpha、帧速率、开始时间码、上下场、像素长宽比以及循环次数等。
- "新建文件夹"按钮 ：单击此按钮可以新建文件夹。
- "新建合成"按钮 ：单击此按钮可以新建合成。
- "项目颜色深度"选项 ：单击此选项，可以在弹出的"项目设置"对话框中选择"颜色"选项卡，修改项目的颜色深度。
- "删除所选项目项"按钮 ：单击此按钮可以删除当前选中的素材。

4."合成"窗口

"合成"窗口主要用于显示当前已载入的合成，通过"合成"窗口底部的按钮等可设置合成的预览、放大率以及分辨率等，如图 2-11 所示。

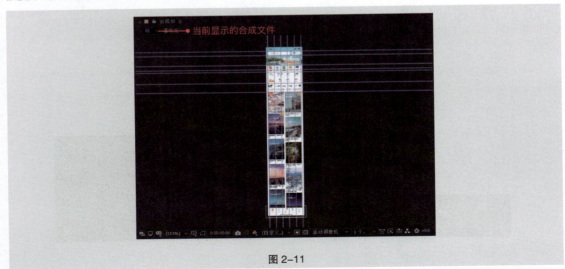

图 2-11

UI 动效设计与制作（全彩慕课版）

● 当前显示的合成文件：在一个项目文件中可以创建多个合成文件，在此选项的下拉列表中可以选择需要在"合成"窗口中显示的合成。

● "始终预览此视图"按钮 ：单击此按钮，将会始终预览当前视图的效果。

● "主查看器"按钮 ：单击此按钮，可在"合成"窗口中预览项目中的音频和外部视频效果。

● "Adobe 沉浸式环境"按钮 ：单击此按钮，可在"合成"窗口中开启 Adobe 沉浸式环境的预览效果，此预览效果需要佩戴 VR 眼镜设备。

● "放大率"选项 50% ：单击此选项，可以在弹出的下拉列表中选择"合成"窗口的视图显示比例。

● "选择网格和参考线选项"按钮 ：单击此按钮，可以在弹出的下拉列表中选择对应的选项，显示"合成"窗口的标尺、网格等。

● "切换蒙版和形状路径可视性"按钮 ：单击此按钮，可以切换合成视图中蒙版和形状路径的可视性。

● "预览时间"选项 0;00;00;00 ：显示当前预览时间，单击此选项，可以在弹出的"转到时间"对话框中设置当前时间指示器的位置。

● "拍摄快照"按钮 ：单击此按钮，可以捕捉当前"合成"窗口中的视图并创建快照。

● "显示快照"按钮 ：单击此按钮，可以在"合成"窗口中显示最后创建的快照。

● "显示通道及色彩管理设置"按钮 ：单击此按钮，可以在弹出的下拉列表中选择需要查看的通道并进行色彩管理设置。

● "分辨率 / 向下采样系数"选项 完整 ：单击此选项，可以在弹出的下拉列表中选择"合成"窗口中所显示内容的分辨率，如图 2-12 所示。

● "目标区域"按钮 ：单击此按钮，在视图中拖曳出一个矩形框，该矩形区域会作为目标区域。

● "切换透明网格"按钮 ：单击此按钮，视图中的透明背景将以透明网格的形式显示。

● "3D 视图"选项 活动摄像机 ：单击此选项，弹出图 2-13 所示的下拉列表，可以在其中选择 3D 视图的视角。

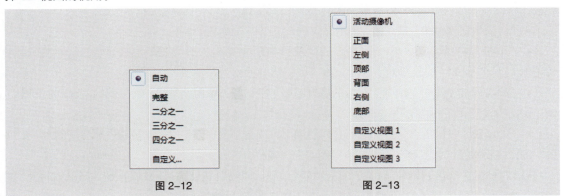

图 2-12   图 2-13

● "选择视图布局"选项 1个... ：单击此选项，弹出图 2-14 所示的下拉列表，可以在其中选择"合成"窗口的视图布局的方式。

● "切换像素长宽比校正"按钮 ：单击此按钮，只可以对素材进行等比例的缩放操作。

● "快速预览"按钮 ：单击此按钮，弹出图 2-15 所示的下拉列表，可以在其中选择在"合成"窗口中进行快速预览的方式。

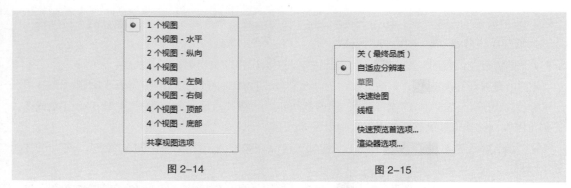

<table>
<tr><td>● 1 个视图</td></tr>
<tr><td>2 个视图 - 水平</td></tr>
<tr><td>2 个视图 - 纵向</td></tr>
<tr><td>4 个视图</td></tr>
<tr><td>4 个视图 - 左侧</td></tr>
<tr><td>4 个视图 - 右侧</td></tr>
<tr><td>4 个视图 - 顶部</td></tr>
<tr><td>4 个视图 - 底部</td></tr>
<tr><td>共享视图选项</td></tr>
</table>

图 2-14　　　　　　　　　　图 2-15

（图2-15内容：关（最终品质） / ● 自适应分辨率 / 草图 / 快速绘图 / 线框 / 快速预览首选项… / 渲染器选项…）

● "时间轴"按钮：单击此按钮，自动选中当前工作界面中的"时间轴"窗口。

● "合成流程图"按钮：单击此按钮，可以打开"流程图"窗口，创建项目的流程图。

● "重置曝光度"按钮与"调整曝光度"选项：单击"重置曝光度"按钮右侧带下画线的数字，按住鼠标左键左右拖曳可以调整"合成"窗口中的曝光度；单击"重置曝光度"按钮，可以将"合成"窗口中的曝光度重置为默认值。

5. "时间轴"窗口

"时间轴"窗口主要用于显示当前已载入合成的图层。通过"时间轴"窗口可以进行图形动画以及视频编辑的大部分操作，如图 2-16 所示。

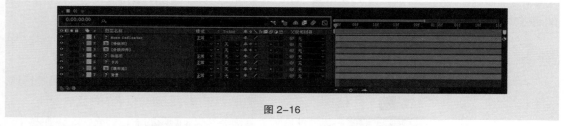

图 2-16

● "当前时间"选项：显示"时间轴"窗口中当前时间指示器所处的时间位置，按住鼠标左键左右拖曳该选项可以调整时间指示器所处的时间位置。

● "合成微型流程图"按钮：单击此按钮，可以合成微型流程图。

● "草图 3D"按钮：单击此按钮，3D 图层中的内容将以 3D 草稿的形式显示，从而加快显示的速度。

● "隐藏为其设置了'消隐'开关的所有图层"按钮：单击此按钮，可以同时隐藏"时间轴"窗口中所有设置了"消隐"开关的图层。

● "为设置了'帧混合'开关的所有图层启用帧混合"按钮：单击此按钮，可以同时为"时间轴"窗口中设置了"帧混合"开关的所有图层启用帧混合。

● "为设置了'运动模糊'开关的所有图层启用运动模糊"按钮：单击此按钮，可以同时为"时间轴"窗口中设置了"运动模糊"开关的所有图层启用运动模糊。

● "图表编辑器"按钮：单击此按钮，可以将"时间轴"窗口切换到图表编辑器状态，并以此来调整时间轴动画节奏。

6. 其他窗口

（1）"信息"窗口：此窗口主要用来显示素材的相关信息，在"信息"窗口的上半部分，主要显示 RGB 值、Alpha 通道值、光标在"合成"窗口中的坐标位置；在"信息"窗口的下半部分，主

（左侧竖排文字：UI 动效设计与制作（全彩慕课版）；页码：16）

要显示选中素材的持续时间、入点、出点等相关信息，如图 2-17 所示。

（2）"音频"窗口：使用此窗口可以对项目中的音频素材进行控制，实现对音频素材的编辑，如图 2-18 所示。

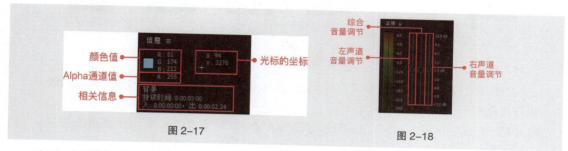

图 2-17

图 2-18

（3）"预览"窗口：此窗口主要用于对"合成"窗口中的内容进行预览操作，控制素材的播放与停止，以及进行预览的相关设置，如图 2-19 所示。

（4）"效果和预设"窗口：使用此窗口可浏览和应用效果以及进行动画预设。图标按类型标识窗口中的每一项。效果图标中的数字指示效果是否在最大深度为 8bpc、16bpc 或 32bpc（bit per channel，颜色通道分数）时起作用。可以滚动浏览效果和动画预设列表，也可以通过在窗口顶部的搜索框中输入名称的任何部分来搜索效果和动画预设，如图 2-20 所示。

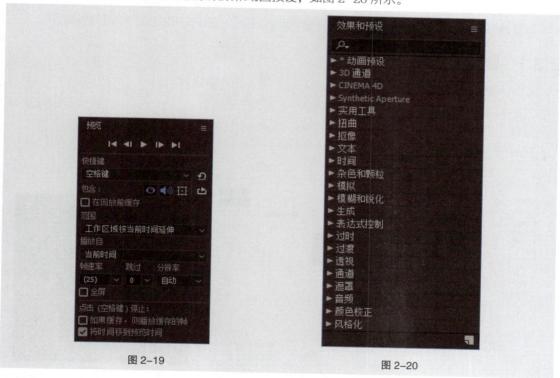

图 2-19

图 2-20

2.2 After Effects 工作流程

After Effects 的工作流程如图 2-21 所示。

图 2-21

1. 导入素材

自动创建项目后，在"项目"窗口中将需要的素材进行导入，便于在合成中进行添加处理。

2. 新建合成

导入素材后，必须创建一个或多个合成，任何素材都必须在合成中进行动画的编辑操作。

3. 管理素材

新建合成后，可以将素材添加到合成的"时间轴"窗口中，接下来就可以制作该素材的动画了。

4. 制作动画

添加素材后，可以通过修改图层属性、添加内置效果来制作出最终想要呈现的动画效果。

5. 保存预览

制作动画后，可以将项目进行保存，并且预览制作完成的动画，便于检查动画的制作效果。

6. 渲染导出

动画效果检查没有问题后，可以渲染导出所制作的动画，这样就可以看到所制作的动效了。

2.2.1 导入素材

1. 导入常规素材

方法 1：执行"文件 > 导入 > 文件"命令（组合键为 Ctrl+I），在弹出的对话框中选择需要导入的素材，如图 2-22 所示。单击"导入"按钮，导入素材，如图 2-23 所示。

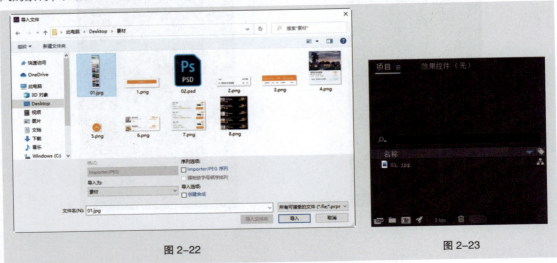

图 2-22   图 2-23

多个素材的导入方法与上述方法基本相同。执行"文件 > 导入 > 多个文件"命令（组合键为 Ctrl+Alt+I），在弹出的对话框中选择多个需要导入的素材，如图 2-24 所示。单击"导入"按钮，导入素材，如图 2-25 所示。

UI 动效设计与制作（全彩慕课版）

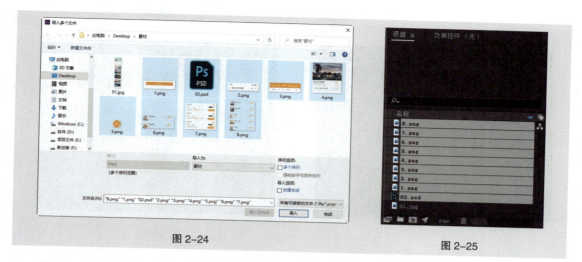

图 2-24   图 2-25

　　方法 2：在"项目"窗口中双击空白处，在弹出的对话框中选择需要导入的素材，单击"导入"按钮，导入素材；或单击鼠标右键，在弹出的快捷菜单中选择"导入 > 文件"命令，在弹出的对话框中选择需要导入的素材，单击"导入"按钮，导入素材。

　　方法 3：选择需要导入的素材文件或文件夹，将其拖曳到"项目"窗口中即可导入素材。

2. 导入序列素材

　　执行"文件 > 导入 > 文件"命令（组合键为 Ctrl+S），在弹出的对话框中选择顺序命名的一系列素材中的第 1 个素材，并且勾选对话框下方的"PNG 序列"复选框，如图 2-26 所示。单击"导入"按钮，导入素材。通常导入后的素材序列为动态文件，如图 2-27 所示。

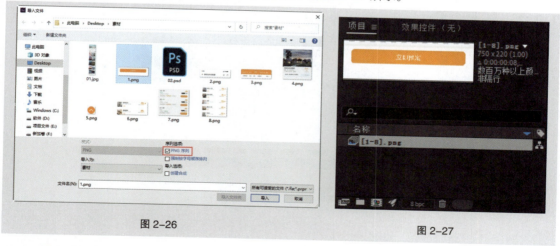

图 2-26   图 2-27

3. 导入分层素材

　　在 After Effects 中可以直接导入 PSD 或 AI 格式的分层文件，以便制作视觉效果更加丰富的动画，并且在导入过程中可以对文件中的图层进行设置。

　　执行"文件 > 导入 > 文件"命令（组合键为 Ctrl+S），在弹出的对话框中选择一个需要导入的 PSD 或 AI 文件，单击"导入"按钮，弹出设置对话框，如图 2-28 所示。在"导入种类"下拉列表框中可以选择将 PSD 或 AI 文件导入为哪种类型的素材，如图 2-29 所示。

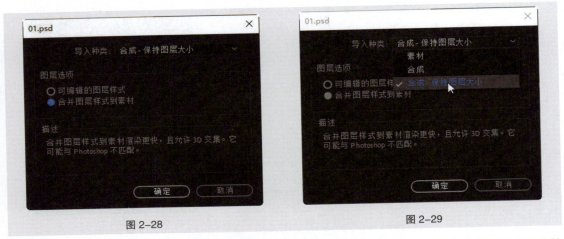

图 2-28   图 2-29

● 素材：选择"素材"选项，可以将文件中的所有图层合并后进行导入，或者直接选择文件中的某个图层进行导入。

● 合成：选择"合成"选项，可以将所选择的文件作为一个合成进行导入。文件中的每个图层都作为合成的一个单独图层，并且会将文件中所有图层的尺寸统一为合成的尺寸。同时针对图层选项可以保留图层样式，或者直接合并图层样式到素材。

● 合成 – 保持图层大小：选择"合成 – 保持图层大小"选项，可以将所选择的文件作为一个合成进行导入。文件中的每个图层都作为合成的一个单独图层，并且保持它们本身的尺寸。同时针对图层选项可以保留图层样式，或者直接合并图层样式到素材。

2.2.2 新建合成

打开 After Effects 软件，系统会自动新建一个项目文件。After Effects 不可以在项目中直接进行动画的编辑操作，必须在项目中新建一个或多个合成来进行动画的编辑操作。

方法 1：执行"合成 > 新建合成"命令（组合键为 Ctrl+N），如图 2-30 所示。在弹出的"合成设置"对话框中设置合成的名称、尺寸、帧速率、持续时间等，单击"确定"按钮，完成合成的创建，如图 2-31 所示。

图 2-30

方法 2：在"项目"窗口底部单击"新建合成"按钮，如图 2-32 所示。在弹出的"合成设置"对话框中设置合成的名称、尺寸、帧速率、持续时间等，单击"确定"按钮，完成合成的创建。

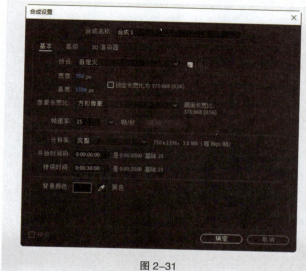

图 2-31

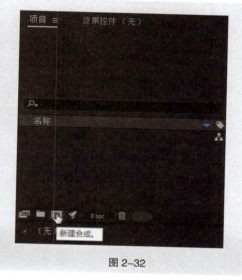

图 2-32

提示

新建合成后，在编辑制作过程中如果需要对合成的相关设置进行修改，可以执行"合成 > 合成设置"命令（组合键为 Ctrl+K），如图 2-33 所示。在弹出的"合成设置"对话框中对相关选项进行修改，如图 2-34 所示。

图 2-33

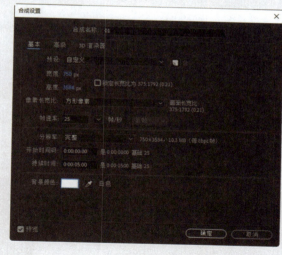

图 2-34

2.2.3 管理素材

1. 添加素材

除了导入种类为合成的 PSD 格式和 AI 格式的分层素材文件，导入其他格式的素材都只会出现在"项目"窗口中，而不会出现到合成中。在制作时，需要先将"项目"窗口中的素材添加到合成中，然后为其制作动画。

方法 1：将素材从"项目"窗口中拖入"合成"窗口，完成素材的添加，如图 2-35 所示。

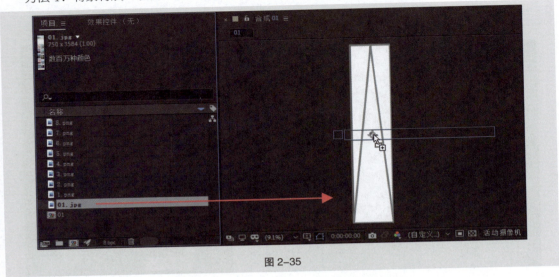

图 2-35

方法 2：将素材从"项目"窗口中拖到"时间轴"窗口中的图层位置，完成素材的添加，如图 2-36 所示。

图 2-36

2. 归类素材

在使用 After Effects 进行动画制作时，通常需要大量的素材，其中包括图像素材、视频素材、声音素材以及合成素材等。我们可以根据素材的使用方式以及对应类型进行归类，以保证对素材的快速查找。

方法 1：执行"文件 > 新建 > 新建文件夹"命令（组合键为 Alt+Shift+Ctrl+S），在"项目"

窗口中新建一个文件夹，输入文件夹的名称（如"02"），如图 2-37 所示。在"项目"窗口中选中一个或多个素材，将其拖入文件夹，如图 2-38 所示，完成素材归类。

图 2-37

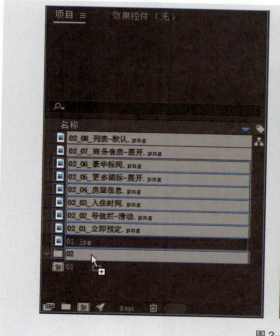
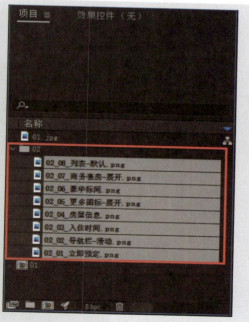

图 2-38

方法 2：单击"项目"窗口底部的"新建文件夹"按钮，如图 2-39 所示，在"项目"窗口中新建一个文件夹，输入文件夹的名称。在"项目"窗口中选中一个或多个素材，将其拖入文件夹，完成素材的归类。

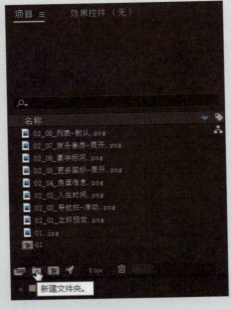

图 2-39

3. 删除素材

多余的素材或文件夹，应该及时进行删除，以保证对素材的高效率使用。

方法 1：选择需要删除的素材或文件夹，按 Delete 键，完成素材的删除。

方法 2：选择需要删除的素材或文件夹，单击"项目"窗口底部的"删除所选项目项"按钮，如图 2-40 所示，完成素材的删除。

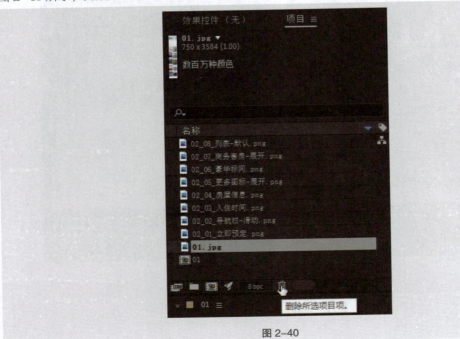

图 2-40

4. 替换素材

在 After Effects 中进行动画制作时，如果对素材进行了调整，可以通过替换素材的方式来修改已经导入的素材。

方法 1：在"项目"窗口中选择需要替换的素材，执行"文件 > 替换素材 > 文件"命令（组合键为 Ctrl+H），如图 2-41 所示。在弹出的对话框中选择用于替换的素材，如图 2-42 所示，单击"导入"按钮，完成素材的替换。

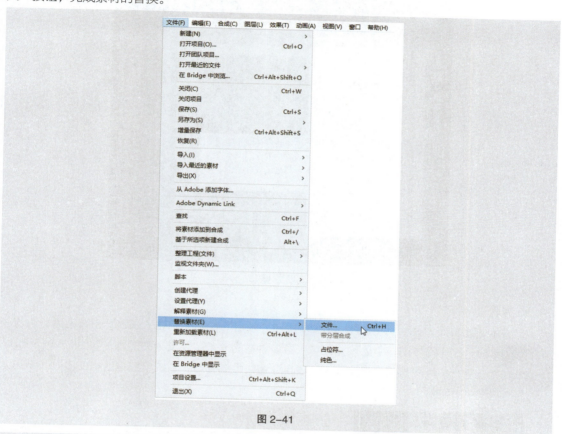

图 2-41

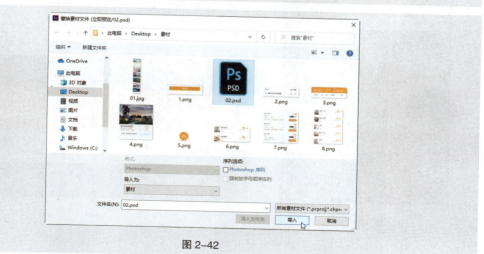

图 2-42

方法 2：在"项目"窗口中选择需要替换的素材，单击鼠标右键，在弹出的快捷菜单中执行"替换素材 > 文件"命令（组合键为 Ctrl+H），如图 2-43 所示。在弹出的对话框中选择用于替换的素材如图 2-42 所示，单击"导入"按钮，完成素材的替换。

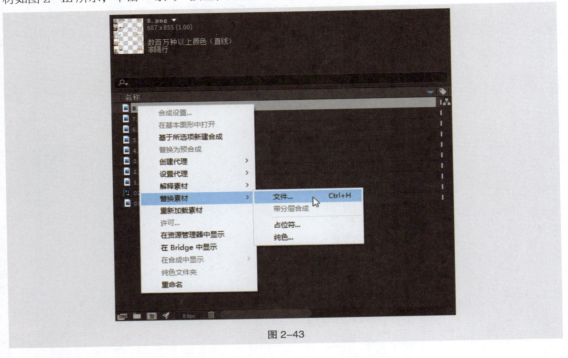

图 2-43

5. 查看素材

在 After Effects 中，导入的素材都被放置在"项目"窗口中。在"项目"窗口的素材列表中选择某个素材，即可在该窗口中的预览区域查看该素材的缩览图以及相关信息，如图 2-44 所示。

想要查看素材的大图效果，直接双击"项目"窗口中的素材，系统将根据素材的不同类型进入不同的浏览模式，如图 2-45 所示。

图 2-44   图 2-45

UI 动效设计与制作（全彩慕课版）

2.2.4 制作动画

1. 修改图层属性

在 After Effects 中，可以修改图层的任何属性，例如大小、位置和不透明度等。可以使用关键帧和表达式使图层属性的任意组合随着时间的推移而发生变化，如图 2-46 所示。可使用运动跟踪稳定运动或为一个图层制作动画，以使其遵循另一个图层中的运动。

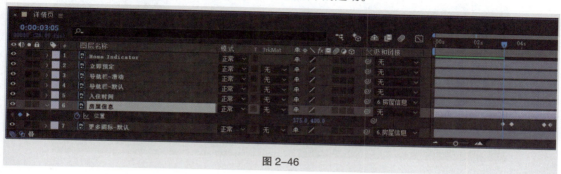

图 2-46

2. 添加内置效果

After Effects 拥有丰富且强大的内置效果。这些内置效果类似于 Photoshop 中的滤镜，将其应用到不同图层中可以产生不同的动画特效。添加内置效果的常用方法有以下 3 种。

方法 1：在"时间轴"窗口中选择图层，单击"效果"菜单项，弹出的下拉菜单如图 2-47 所示，从中可以选择不同的效果。

方法 2：在"时间轴"窗口中选择图层，单击鼠标右键，在弹出的快捷菜单中选择"效果"中的命令，如图 2-48 所示。

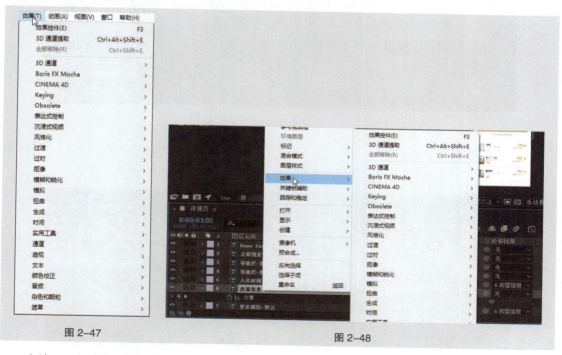

图 2-47   图 2-48

方法 3：在"效果和预设"窗口中选择某个效果，然后将其拖曳到"时间轴"窗口中需要添加效果的图层上，如图 2-49 所示。

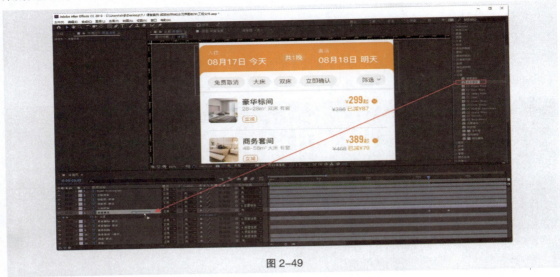

图 2-49

提示：

- 在同一图层中复制效果。在"时间轴"窗口中选择效果，按组合键 Ctrl+D，完成同一图层效果的复制，如图 2-50 所示。

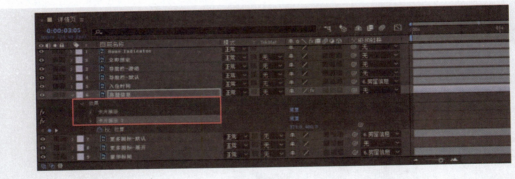

图 2-50

- 在不同图层中复制效果。在"时间轴"窗口中选择效果，按组合键 Ctrl+C，选择需要复制效果的图层，按组合键 Ctrl+V，完成不同图层效果的复制，如图 2-51 所示。

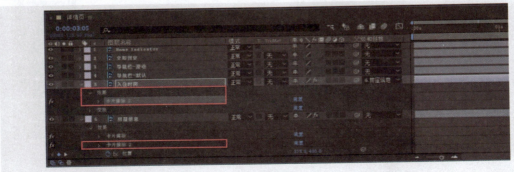

图 2-51

• 删除效果。在"时间轴"窗口中选择效果，按 Delete 键完成效果的删除，如图 2-52 所示。

图 2-52

2.2.5 保存预览

1. 保存项目

在使用 After Effects 进行动画制作时，需要随时保存项目文件，以防止程序出错或发生其他意外情况而带来不必要的损失。

针对新建的项目文件，执行"文件 > 保存"命令（组合键为 Ctrl+S），在弹出的"另存为"对话框中进行设置，如图 2-53 所示。单击"保存"按钮，完成项目保存。

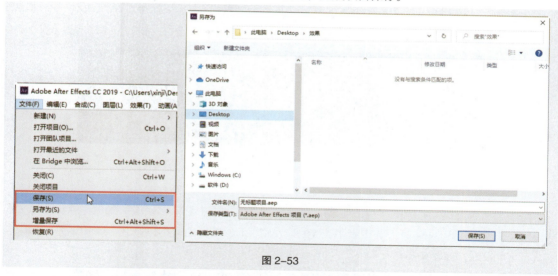

图 2-53

如果该项目文件已经被保存过一次，执行"保存"命令时则不会弹出"另存为"对话框，而是直接将原来的文件覆盖。

2. 预览画面

在 After Effects 中完成动画制作后，还要通过预览确认制作效果是否满足需求。预览时，可以设置播放的帧速率或画面的分辨率来调整预览质量和等待时间。

执行"合成 > 预览 > 播放当前预览"命令（快捷键为 Space 键），完成画面预览，如图 2-54 所示。

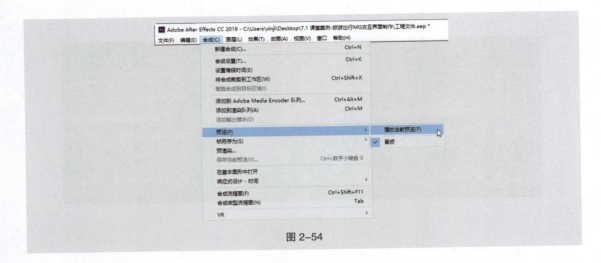

图 2-54

2.2.6　渲染导出

在 After Effects 中预览效果无误后就可以进行渲染和导出。根据不同动画的呈现要求，设置合成项目的渲染质量、输出格式以及存储位置等。

1. 方法 1

（1）添加到渲染队列

在"项目"窗口中选择要进行渲染的合成，执行"合成 > 添加到渲染队列"命令（组合键为 Ctrl+M），打开"渲染队列"窗口，如图 2-55 所示。

图 2-55

（2）渲染设置

单击"渲染设置"右侧的下拉按钮 ，在弹出的下拉列表中选择渲染设置模板，默认选择"最佳设置"选项，如图 2-56 所示。或者单击"渲染设置"右侧的蓝色文本，弹出"渲染设置"对话框，进行自定义设置，如图 2-57 所示。

图 2-56

图 2-57

（3）日志

单击"日志"右侧的下拉列表框，在弹出的下拉列表中选择日志类型，如图 2-58 所示。默认选择"仅错误"选项。

（4）输出模块

单击"输出模块"右侧的下拉按钮▼，在弹出的下拉列表中选择输出模块设置模板，默认选择"无损"选项，如图 2-59 所示。或者单击"输出模块"右侧的蓝色文本使用输出模块设置来指定输出影片的文件格式。

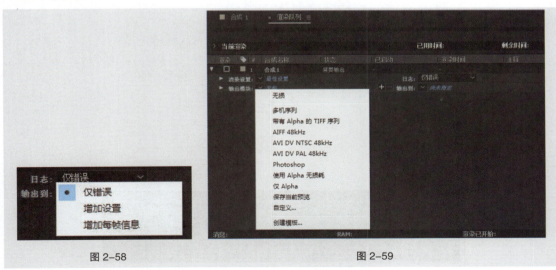

图 2-58   图 2-59

After Effects 软件提供了多种输出格式，但是对于 MG（Motion Graphics，动态图形）动画来说较合适的是 QuickTime 格式，因为这个格式便于之后导入 Photoshop 软件，再输出为 GIF 格式的动画图片文件。

（5）输出到

单击"渲染队列"窗口中"输出到"右侧的下拉按钮■，在弹出的下拉列表中基于命名惯例选择输出文件的名称，然后选择输出位置，如图 2-60 所示；或者单击"输出到"右侧的蓝色文本，在弹出的对话框中，输入任何名称，如图 2-61 所示，单击"保存"按钮。

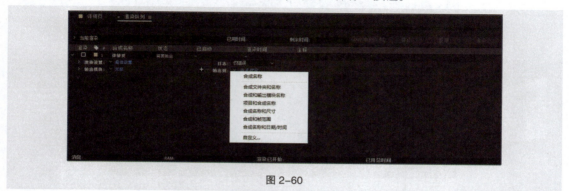

图 2-60

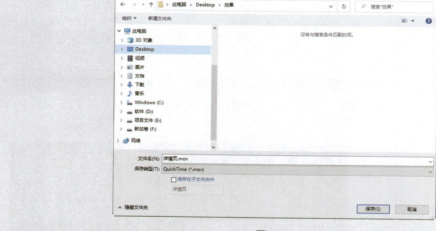

图 2-61

（6）渲染

单击"渲染队列"窗口右上角的"渲染"按钮，即可进行渲染输出，并显示渲染进度，如图 2-62 所示。

图 2-62

2. 方法2

（1）添加到 Adobe Media Encoder 队列

在"项目"窗口中选择要进行渲染的合成，执行"合成 > 添加到 Adobe Media Encoder 队列"命令（组合键为 Ctrl+Alt+M），如图 2-63 所示，打开"队列"窗口。

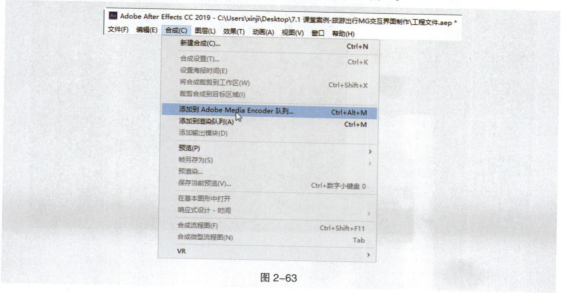

图 2-63

（2）格式

在"队列"窗口中，单击"格式"下方的下拉按钮■，在弹出的下拉列表中选择输出影片的格式，默认选择"H.264"选项，如图 2-64 所示。或者单击下拉按钮右侧的蓝色文本，在弹出的"导出设置"对话框中进行自定义设置，如图 2-65 所示。

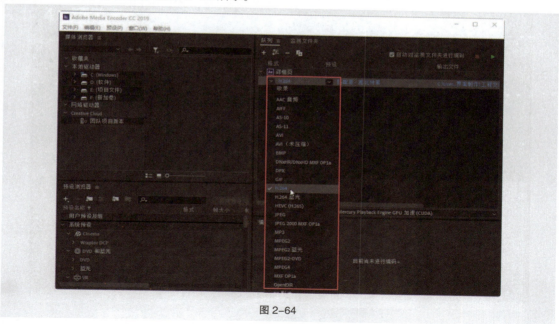

图 2-64

图 2-65

（3）预设

在"队列"窗口中，单击"预设"下方的下拉按钮 ，在弹出的下拉列表中选择输出影片的质量，默认选择"匹配源 - 高比特率"选项，如图 2-66 所示。或者单击下拉按钮右侧带下画线的文本，在弹出的"导出设置"对话框中进行自定义设置，如图 2-67 所示。

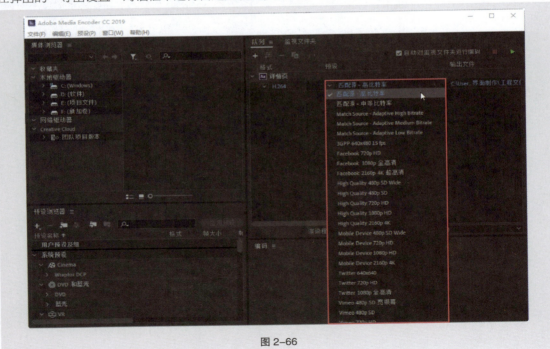

图 2-66

图 2-67

（4）输出文件

在"队列"窗口中，单击"输出文件"下方的蓝色文本，在弹出的"另存为"对话框中基于命名惯例输入文件的名称，然后选择保存位置，如图 2-68 所示，单击"保存"按钮。

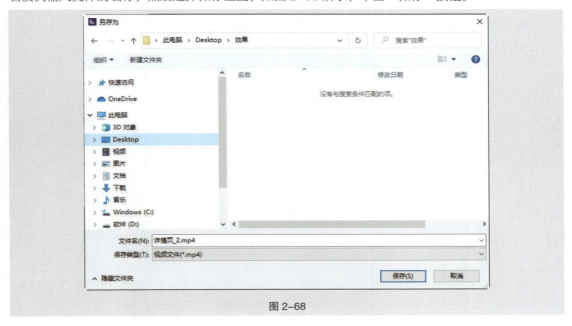

图 2-68

（5）启动队列

单击"队列"窗口中的"启动队列"按钮▶，即可进行渲染输出，并显示渲染进度，如图 2-69 所示。

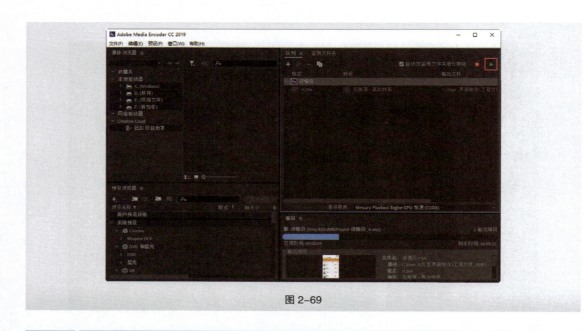

图 2-69

2.3 课堂案例——食品餐饮图标素材导入

【案例学习目标】学习使用"导入"命令导入素材。

【案例知识要点】使用"导入"命令导入素材文件，效果如图 2-70 所示。

【效果所在位置】云盘 \Ch02\2.3　课堂案例——食品餐饮图标素材导入 \ 素材 \01.ai。

图 2-70

慕课视频

食品餐饮图标
素材导入

选择"文件 > 导入 > 文件"命令，在弹出的"导入文件"对话框中，选择云盘中的"Ch02\2.3
课堂案例——食品餐饮图标素材导入 \ 素材 \01.ai"文件，如图 2-71 所示，单击"导入"按钮，将
文件导入"项目"窗口中，如图 2-72 所示。

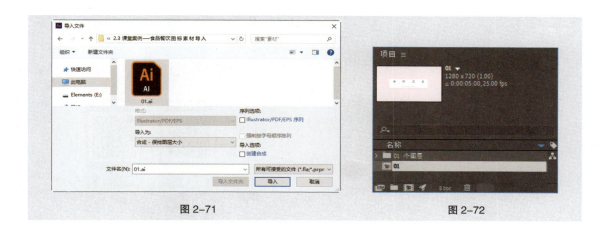

图 2-71   图 2-72

2.4 | 课堂练习——食品餐饮图标文件保存

【案例学习目标】学习使用"保存"命令保存动画。

【案例知识要点】使用"保存"命令将制作好的动画进行保存，效果如图 2-73 所示。

【效果所在位置】云盘 \Ch02\2.4　课堂练习——食品餐饮图标文件保存 \ 工程文件 .aep。

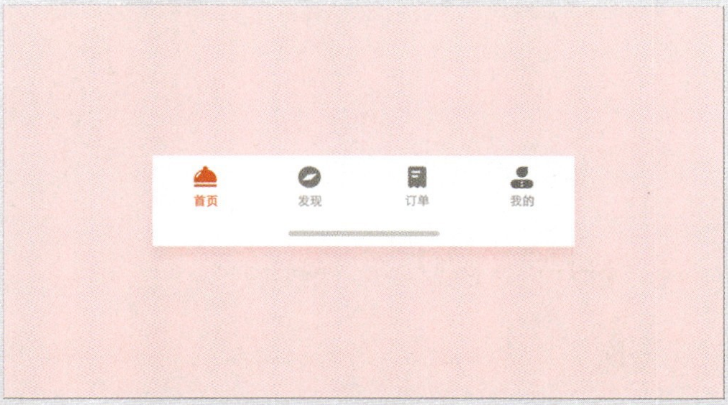

慕课视频
食品餐饮图标
文件保存

图 2-73

2.5 | 课后习题——食品餐饮图标渲染导出

【案例学习目标】学习使用"添加到 Adobe Media Encoder 队列"命令渲染导出。

【案例知识要点】使用"添加到 Adobe Media Encoder 队列"命令将制作好的动画文件进行渲染导出，效果如图 2-74 所示。

【效果所在位置】云盘 \Ch02\2.5　课后习题——食品餐饮图标渲染导出 \ 最终效果 .gif。

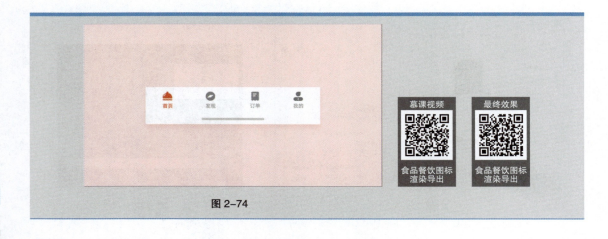

图 2-74

慕课视频
食品餐饮图标
渲染导出

最终效果
食品餐饮图标
渲染导出

03

第3章
UI 基础动效制作

▶ **本章介绍**

UI 基础动效是通过结合 After Effects 软件的常用功能进行实操的动效。熟悉基础动效制作不仅可以令想要从事 UI 动效行业的人员快速熟练掌握软件操作，而且能为接下来的综合项目实操打下基础。本章从实战角度对基础属性动效、文本图层动效、形状图层动效、蒙板遮罩动效、内置特效动效、表达式控制动效、三维效果动效以及人物绑定动效进行系统讲解与演练。通过本章的学习，读者可以对 UI 基础动效有一个基本的认识，并快速掌握制作常用 UI 基础动效的方法。

学习目标

● 掌握基础属性动效的制作方法
● 掌握文字图层动效的制作方法
● 掌握形状图层动效的制作方法
● 掌握蒙板遮罩动效的制作方法
● 掌握内置特效动效的制作方法
● 掌握表达式控制动效的制作方法
● 掌握三维效果动效的制作方法
● 掌握人物绑定动效的制作方法

慕课视频

UI 基础动效
制作

3.1 基础属性动效

3.1.1 课堂案例——食品餐饮 Loading 动效制作

【案例学习目标】学习使用"位置""旋转"和"不透明度"选项制作动画效果，使用"缓动"命令和图表编辑器调节动画速度。

【案例知识要点】使用"横排文字工具"输入文字，使用"钢笔工具"绘制路径，利用"位置"选项、"旋转"选项和"不透明度"选项制作动画效果，使用"图表编辑器"按钮打开"动画曲线"调节动画的运动速度。食品餐饮 Loading 动效制作效果如图 3-1 所示。

【效果所在位置】云盘 \Ch03\3.1.1 课堂案例——食品餐饮 Loading 动效制作 \ 工程文件 .aep。

图 3-1

一、导入素材

（1）选择"文件 > 导入 > 文件"命令，在弹出的"导入文件"对话框中，选择云盘中的"Ch03\3.1.1 课堂案例——食品餐饮 Loading 动效制作 \ 素材 \01.ai"文件，如图 3-2 所示。单击"导入"按钮，将文件导入"项目"窗口中，如图 3-3 所示。

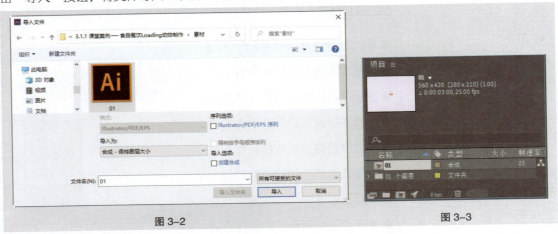

图 3-2   图 3-3

（2）在"项目"窗口中双击"01"合成，进入"01"合成的编辑窗口。选择"合成 > 合成设置"

UI 动效设计与制作（全彩慕课版）

命令，弹出"合成设置"对话框，在"合成名称"文本框中输入"最终效果"，将"持续时间"设为"0：00：03：21"，其他选项的设置如图3-4所示。单击"确定"按钮，完成设置，如图3-5所示。

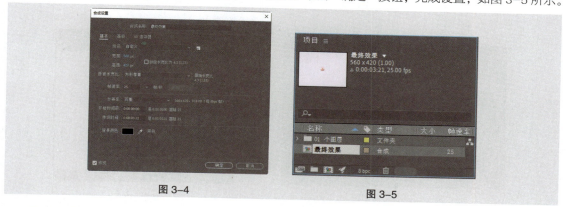

图3-4   图3-5

二、动画制作

1. 制作文字动画

（1）选择"横排文字工具" $\mathbf{T}$ ，在"合成"窗口中输入文字"请耐心等待…"。选中文字，在"字符"窗口中，设置"填充色"为深紫色（68、43、79），其他参数设置如图3-6所示。"合成"窗口中的效果如图3-7所示。

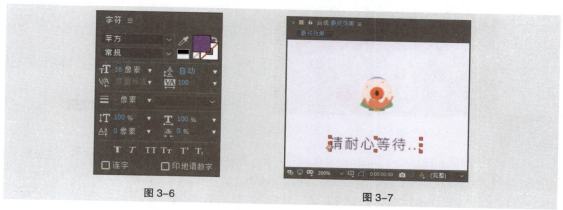

图3-6   图3-7

（2）选中"请耐心等待…"图层，按P键，展开"位置"选项，设置"位置"选项为"234.0，258.0"，如图3-8所示。"合成"窗口中的效果如图3-9所示。

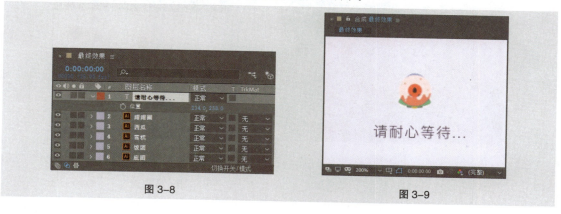

图3-8   图3-9

（3）选中"请耐心等待…"图层，选择"钢笔工具"，在"合成"窗口中拖曳绘制一条弧线，在"时间轴"窗口中会自动添加一个"蒙版"选项组，如图3-10所示。"合成"窗口中的效果如图3-11所示。

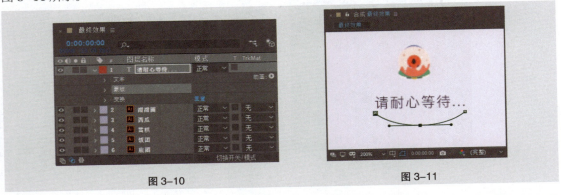

图 3-10　　　　　　　　　　　　　　图 3-11

（4）展开"文本 > 路径选项"选项组，单击"路径"右侧的下拉按钮，在弹出的下拉列表中选择"蒙版1"，并设置"强制对齐"选项为"开"，如图3-12所示。"合成"窗口中的效果如图3-13所示。

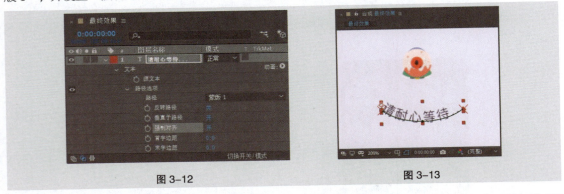

图 3-12　　　　　　　　　　　　　　图 3-13

（5）将时间标签放置在0:00:00:00的位置，在"蒙版 > 蒙版1"选项组中，单击"蒙版路径"选项左侧的"关键帧自动记录器"按钮，如图3-14所示，记录第1个关键帧。将时间标签放置在0:00:00:03的位置，选择"钢笔工具"，向上拖曳路径中心的锚点到适当的位置，如图3-15所示，记录第2个关键帧。

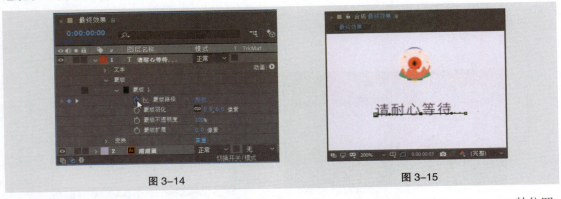

图 3-14　　　　　　　　　　　　　　图 3-15

（6）按 Ctrl+C 组合键，复制关键帧，如图3-16所示。将时间标签放置在0:00:00:21的位置，按 Ctrl+V 组合键，粘贴关键帧，如图 3-17 所示。

图 3-16

图 3-17

（7）选择第 1 个和第 2 个关键帧，按 Ctrl+C 组合键，复制关键帧，如图 3-18 所示。将时间标签放置在 0:00:00:24 的位置，按 Ctrl+V 组合键，粘贴关键帧，如图 3-19 所示。

图 3-18

图 3-19

（8）选择需要的 3 个关键帧，按 Ctrl+C 组合键，复制关键帧，如图 3-20 所示。将时间标签放置在 0:00:01:20 的位置，按 Ctrl+V 组合键，粘贴关键帧，如图 3-21 所示。

图 3-20

图 3-21

（9）用相同的方法分别将时间标签放置在 0:00:02:19 的位置、0:00:03:18 的位置，按 Ctrl+V 组合键，粘贴关键帧，如图 3-22 所示。

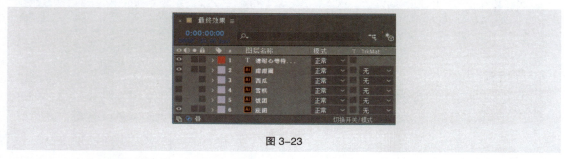

图 3-22

2. 制作甜甜圈动画

（1）分别单击"西瓜"图层、"雪糕"图层和"饭团"图层前面的眼睛图标 ，隐藏图层，如图 3-23 所示。

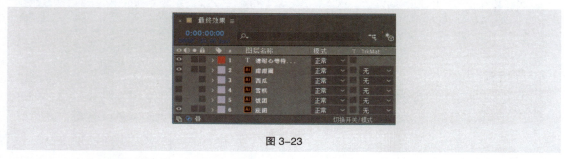

图 3-23

（2）选中"甜甜圈"图层，按 P 键，展开"位置"选项，设置"位置"选项为"279.8，242.0"，如图 3-24 所示。"合成"窗口中的效果如图 3-25 所示。

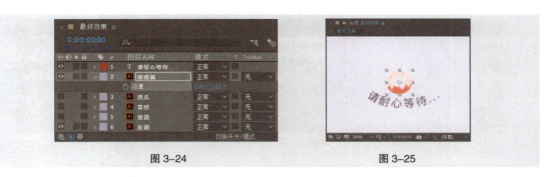

图 3-24   图 3-25

（3）将时间标签放置在 0:00:00:00 的位置，单击"位置"选项左侧的"关键帧自动记录器"按钮 ，如图 3-26 所示，记录第 1 个关键帧。将时间标签放置在 0:00:00:04 的位置，设置"位置"选项为"279.8，200.0"，如图 3-27 所示，记录第 2 个关键帧。

图 3-26   图 3-27

（4）将时间标签放置在 0:00:00:23 的位置，单击"位置"选项左侧的"在当前时间添加或移除关键帧"按钮 ，如图 3-28 所示，记录第 3 个关键帧。将时间标签放置在 0:00:00:23 的位置，设置"位置"选项为"279.8，242.0"，如图 3-29 所示，记录第 4 个关键帧。

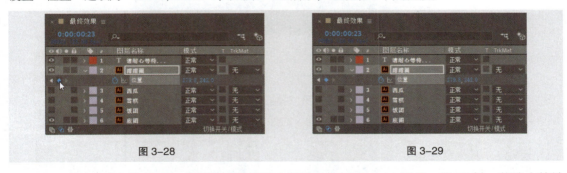

图 3-28   图 3-29

（5）单击"位置"选项，将该选项关键帧全部选中，如图 3-30 所示。按 F9 键，将选中的关键帧转为缓动关键帧，如图 3-31 所示。

图 3-30

图 3-31

（6）在"时间轴"窗口中，单击"图表编辑器"按钮图，进入图表编辑器窗口，如图3-32所示。分别拖曳控制点到适当的位置，如图3-33所示。再次单击"图表编辑器"按钮图，退出图表编辑器。

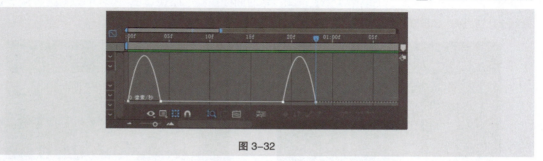

图 3-32

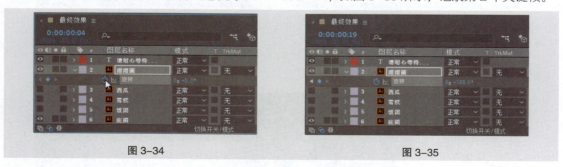

图 3-33

（7）将时间标签放置在 0:00:00:04 的位置，按 R 键，展开"旋转"选项，单击"旋转"选项左侧的"关键帧自动记录器"按钮图，如图3-34所示，记录第1个关键帧。将时间标签放置在0:00:00:19的位置，设置"旋转"选项为"0×+180°"，如图3-35所示，记录第2个关键帧。

| 图 3-34 | 图 3-35 |

（8）将时间标签放置在 0:00:00:23 的位置，按 T 键，展开"不透明度"选项，设置"不透明度"选项为"100%"，单击"不透明度"选项左侧的"关键帧自动记录器"按钮图，如图3-36所示，记录第1个关键帧。将时间标签放置在0:00:00:24的位置，设置"不透明度"选项为"0%"，如

图 3-37 所示，记录第 2 个关键帧。

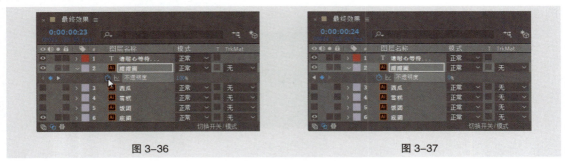

图 3-36　　　　　　　　　　　　　　　　图 3-37

3. 制作其他动画

（1）选中"甜甜圈"图层，按 U 键，展开该图层的所有关键帧，如图 3-38 所示。按住 Shift 键的同时，单击"位置"选项、"旋转"选项和"不透明度"选项，将该图层关键帧全部选中，如图 3-39 所示。

图 3-38

图 3-39

（2）按 Ctrl+C 组合键，复制关键帧。将时间标签放置在 0:00:00:24 的位置，选中"西瓜"图层，按 Ctrl+V 组合键，粘贴关键帧。按 U 键，展开该图层的所有关键帧，效果如图 3-40 所示。

图 3-40

（3）单击"西瓜"图层前面的第 1 个空白图标■，显示图层，将时间标签放置在 0:00:01:18 的位置，设置"旋转"选项为"0×−180°"，如图 3-41 所示，记录第 2 个关键帧。

图 3-41

（4）将时间标签放置在 0:00:00:23 的位置，设置"不透明度"选项为"0%"，如图 3-42 所示，记录第 1 个关键帧。将时间标签放置在 0:00:00:24 的位置，设置"不透明度"选项为"100%"，如图 3-43 所示，记录第 2 个关键帧。

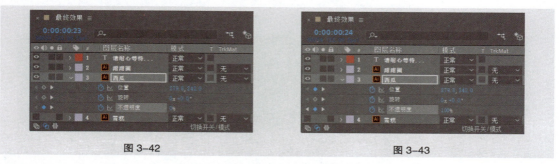

图 3-42   图 3-43

（5）选中"西瓜"图层，按住 Shift 键的同时，单击"位置"选项、"旋转"选项和"不透明度"选项，将该图层关键帧全部选中，如图 3-44 所示。

图 3-44

（6）按 Ctrl+C 组合键，复制关键帧。将时间标签放置在 0:00:01:22 的位置，选中"雪糕"图层，按 Ctrl+V 组合键，粘贴关键帧。按 U 键，展开该图层的所有关键帧，效果如图 3-45 所示。

图 3-45

（7）单击"雪糕"图层前面的第 1 个空白图标■，显示图层，将时间标签放置在 0:00:02:17

的位置，设置"旋转"选项为"0×+180°"，如图 3-46 所示，记录第 2 个关键帧。

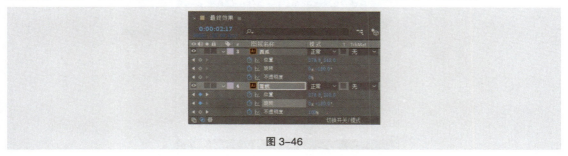

图 3-46

（8）选中"西瓜"图层，按住 Shift 键的同时，单击"位置"选项和"旋转"选项，将该图层关键帧全部选中，如图 3-47 所示。按 Ctrl+C 组合键，复制关键帧。将时间标签放置在 0:00:02:22 的位置，选中"饭团"图层，按 Ctrl+V 组合键，粘贴关键帧。按 U 键，展开该图层的所有关键帧，单击"饭团"图层前面的第 1 个空白图标█，显示图层，效果如图 3-48 所示。

图 3-47

图 3-48

（9）将时间标签放置在 0:00:02:21 的位置，按 T 键，展开"不透明度"选项，设置"不透明度"选项为"0%"，单击"不透明度"选项左侧的"关键帧自动记录器"按钮█，如图 3-49 所示，记录第 1 个关键帧。将时间标签放置在 0:00:02:22 的位置，设置"不透明度"选项为"100%"，如图 3-50 所示，记录第 2 个关键帧。食品餐饮 Loading 动效制作完成，效果如图 3-51 所示。

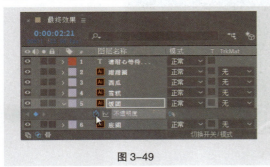

图 3-49

图 3-50

图 3-51

三、文件保存

选择"文件 > 保存"命令，弹出"另存为"对话框，在对话框中选择文件要保存的位置，在"文件名"文本框中输入"工程文件.aep"，其他选项的设置如图 3-52 所示。单击"保存"按钮，将文件保存。

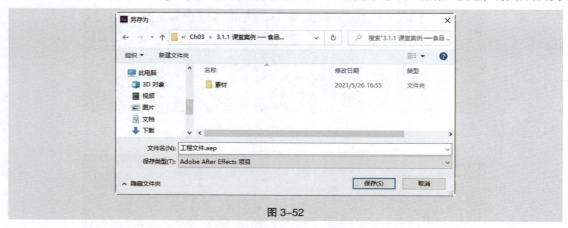

图 3-52

四、渲染导出

（1）选择"合成 > 添加到 Adobe Media Encoder 队列"命令，系统自动打开 Adobe Media Encoder 软件并添加到 Adobe Media Encoder 软件的"队列"窗口中，如图 3-53 所示。

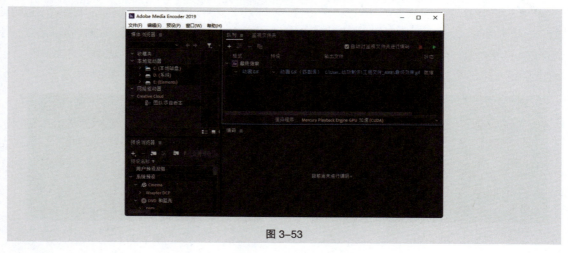

图 3-53

（2）单击"格式"中的下拉按钮 ☑，在弹出的下拉列表中选择"动画 GIF"选项，其他选项的设置如图 3-54 所示。

图 3-54

（3）设置完成后单击"队列"窗口中的"启动队列"按钮 ▶，进行文件渲染，如图 3-55 所示。

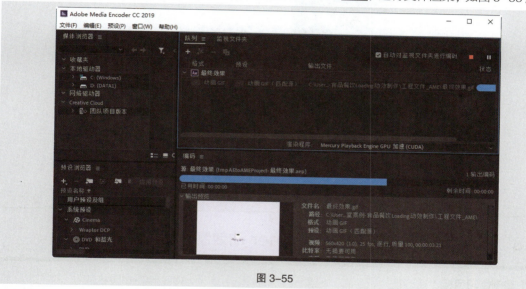

图 3-55

（4）渲染完成后在输出文件位置可以看到 GIF 动画文件，如图 3-56 所示。

图 3-56

3.1.2　课堂练习——文化传媒闪屏页动效制作

【案例练习目标】练习使用"钢笔工具"绘制路径，使用蒙版工具制作蒙版动画，使用"位置"选项、"缩放"选项和"不透明度"选项制作动画效果。

【案例知识要点】使用"导入"命令导入素材，使用"钢笔工具"创建蒙版路径，利用"位置"选项、"缩放"选项和"不透明度"选项制作动画效果。文化传媒闪屏页动效制作效果如图3-57所示。

【效果所在位置】云盘\Ch03\3.1.2　课堂练习——文化传媒闪屏页动效制作\工程文件.aep。

图 3-57

3.1.3　课后习题——电商平台 Banner 动效制作

【案例练习目标】练习使用"位置"选项及"父级和链接"选项制作动画效果。

【案例知识要点】利用"位置"选项制作位置动画，使用"父集和链接"选项制作动画效果。电商平台 Banner 动效制作效果如图3-58所示。

【效果所在位置】云盘\Ch03\3.1.3　课后习题——电商平台 Banner 动效制作\工程文件.aep。

图 3-58

UI 动效设计与制作（全彩慕课版）

3.2 文本图层动效

3.2.1 课堂案例——服装饰品 Banner 文字动效制作

【**案例学习目标**】学习使用"横排文字工具"输入文字，使用"路径选项"制作文字路径动画，使用蒙版工具制作蒙版动画。

【**案例知识要点**】使用"横排文字工具"输入文字，使用"钢笔工具"绘制路径，使用"矩形工具"创建蒙版动画，使用"路径选项"制作文字动画效果。服装饰品 Banner 文字动效制作效果如图 3–59 所示。

【**效果所在位置**】云盘 \Ch03\3.2.1　课堂案例——服装饰品 Banner 文字动效制作 \ 工程文件 .aep。

图 3–59

1. 导入素材

选择"文件 > 导入 > 文件"命令，在弹出的"导入文件"对话框中，选择云盘中的"Ch03\3.2.1　课堂案例——服装饰品 Banner 文字动效制作 \ 素材 \01.jpg"文件，如图 3–60 所示。单击"导入"按钮，将文件导入"项目"窗口中，如图 3–61 所示。

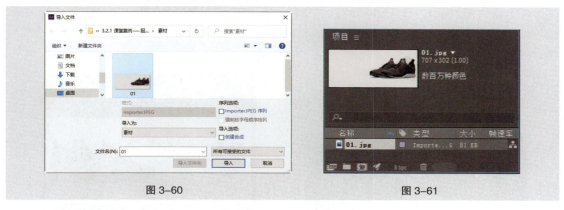

图 3–60　　　　　　　　　　　　　　　　图 3–61

2. 动画制作

（1）按 Ctrl+N 组合键，弹出"合成设置"对话框，在"合成名称"文本框中输入"最终效果"，设置"背景颜色"为黑色，其他选项的设置如图 3–62 所示。单击"确定"按钮，创建一个新的合成"最终效果"。在"项目"窗口中选中"01.jpg"文件，并将其拖曳到"时间轴"窗口中，如图 3–63 所示。

图 3-62   图 3-63

（2）选择"横排文字工具" **T**，在"合成"窗口中输入文字"驾驭天气，畅行无阻"。选中文字，在"字符"窗口中，设置"填充色"为深灰色（20、20、20），其他参数设置如图 3-64 所示。"合成"窗口中的效果如图 3-65 所示。

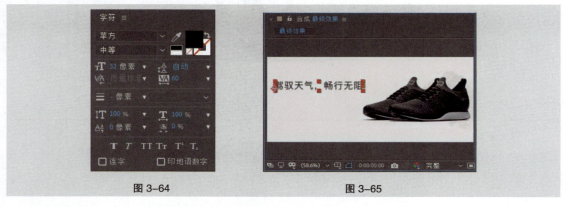

图 3-64   图 3-65

（3）选中文字图层，并将图层命名为"主标题"，选择"钢笔工具" <img>，在"合成"窗口中拖曳绘制一条直线，在"时间轴"窗口中会自动添加一个"蒙版"选项组，如图 3-66 所示。"合成"窗口中的效果如图 3-67 所示。

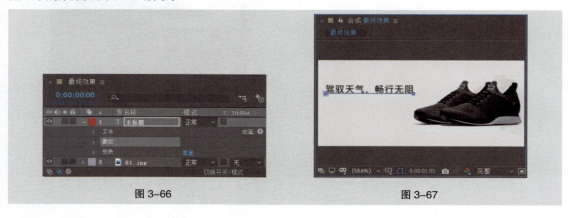

图 3-66   图 3-67

（4）展开"文本 > 路径选项"选项组，单击"路径"右侧的下拉按钮，在弹出的下拉列表中选择"蒙版 1"，如图 3-68 所示。设置"首字边距"选项为"320.0"，如图 3-69 所示。"合成"窗口中的效果如图 3-70 所示。

图 3-68　　　　　　　　　　　　　　　　　图 3-69

图 3-70

（5）将时间标签放置在 0:00:00:00 的位置，单击"首字边距"选项左侧的"关键帧自动记录器"按钮，如图 3-71 所示，记录第 1 个关键帧。将时间标签放置在 0:00:01:05 的位置，设置"首字边距"选项为"0.0"，如图 3-72 所示，记录第 2 个关键帧。

图 3-71　　　　　　　　　　　　　　　　　图 3-72

（6）选中文字图层，选择"矩形工具"，在"合成"窗口中绘制矩形。效果如图 3-73 所示。在"时间轴"窗口中会自动添加一个"蒙版 2"选项组，如图 3-74 所示。

图 3-73　　　　　　　　　　　　　　　　　　　　图 3-74

（7）展开"蒙版 2"选项组，如图 3-75 所示。设置"蒙版羽化"选项为"20.0，20.0 像素"，如图 3-76 所示。

图 3-75　　　　　　　　　　　　　　　　　　　　图 3-76

（8）选择"横排文字工具" T，在"合成"窗口中输入文字"别让天气拖住你的脚步"。选中文字，在"字符"窗口中，设置"填充色"为灰色（127、126、124），其他参数设置如图 3-77 所示。"合成"窗口中的效果如图 3-78 所示。

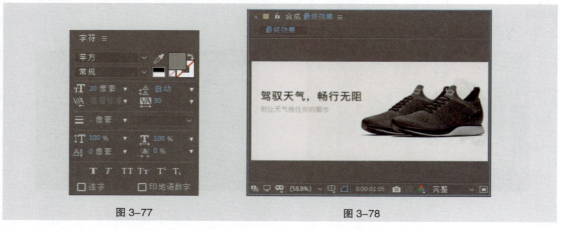

图 3-77　　　　　　　　　　　　　　　　　　　　图 3-78

（9）选中文字图层，并将图层命名为"副标题"，选择"钢笔工具" ，在"合成"窗口中拖曳绘制一条直线，在"时间轴"窗口中会自动添加一个"蒙版"选项组，如图 3-79 所示。"合成"窗口中的效果如图 3-80 所示。

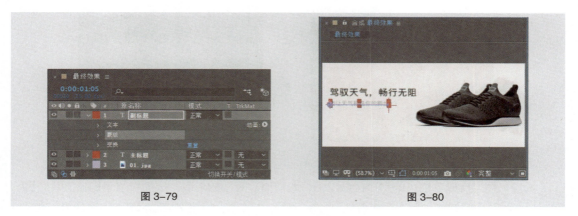

图 3-79   图 3-80

（10）展开"文本 > 路径选项"选项组，单击"路径"右侧的下拉按钮，在弹出的下拉列表单中选择"蒙版 1"，如图 3-81 所示。设置"末字边距"选项为"-232.0"，如图 3-82 所示。"合成"窗口中的效果如图 3-83 所示。

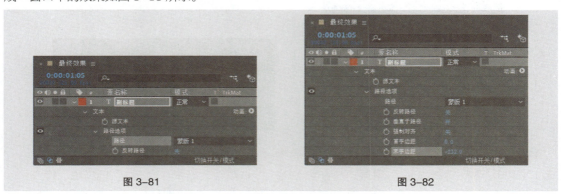

图 3-81   图 3-82

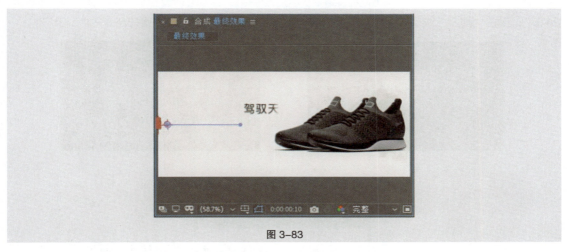

图 3-83

（11）将时间标签放置在 0:00:00:10 的位置，单击"末字边距"选项左侧的"关键帧自动记录器"按钮 ，如图 3-84 所示，记录第 1 个关键帧。将时间标签放置在 0:00:01:05 的位置，设置"末字边距"选项为"0.0"，如图 3-85 所示，记录第 2 个关键帧。

图 3-84 图 3-85

（12）在"合成"窗口的空白区域单击，取消所有对象的选取。选择"圆角矩形工具" <img>，在工具栏中设置"描边颜色"为灰棕色（178、160、138），设置"描边宽度"为 1 像素。在"合成"窗口中绘制一个圆角矩形，效果如图 3-86 所示。在"时间轴"窗口中自动生成一个"形状图层1"图层，将其命名为"圆角矩形"，如图 3-87 所示。

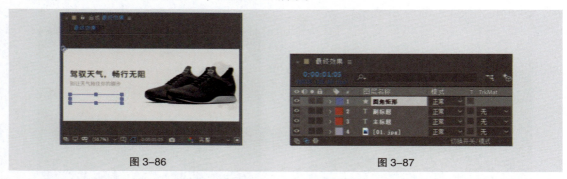

图 3-86 图 3-87

（13）展开"圆角矩形"图层"内容 > 矩形 1"选项组，选中"填充 1"选项组，按 Delete 键，将其删除。结果如图 3-88 所示。展开"矩形路径 1"选项组，设置"大小"选项为"254.0，34.0"，设置"圆度"选项为 4.0，如图 3-89 所示。"合成"窗口中的效果如图 3-90 所示。

图 3-88 图 3-89

图 3-90

（14）将时间标签放置在0:00:00:10的位置，选中"圆角矩形"图层，按T键，展开"不透明度"选项，设置"不透明度"选项为"0%"，单击"不透明度"选项左侧的"关键帧自动记录器"按钮◎，如图3-91所示，记录第1个关键帧。将时间标签放置在0:00:01:15的位置，设置"不透明度"选项为"100%"，如图3-92所示，记录第2个关键帧。

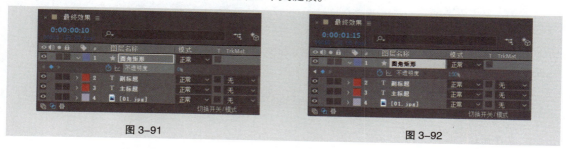

图 3-91　　　　　　　　　　　　　　　　图 3-92

（15）选择"横排文字工具"**T**，在"合成"窗口中输入文字"10.22 日—11.22 日超值特惠"。选中文字，在"字符"窗口中，设置"填充色"为灰棕色（178、160、138），其他参数设置如图3-93所示。"合成"窗口中的效果如图3-94所示。

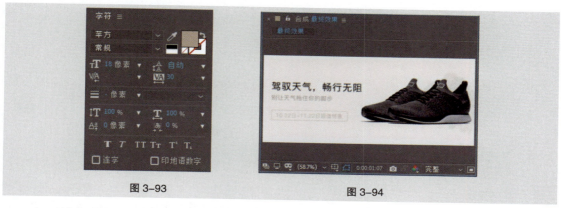

图 3-93　　　　　　　　　　　　　　　　图 3-94

（16）选中文字图层，并将图层命名为"辅助信息"，用相同的方法绘制路径并添加蒙版，如图3-95所示。"合成"窗口中的效果如图3-96所示。

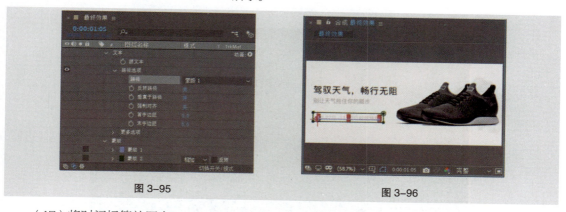

图 3-95　　　　　　　　　　　　　　　　图 3-96

（17）将时间标签放置在0:00:00:10的位置，设置"首字边距"选项为"238.0"，单击"首字边距"选项左侧的"关键帧自动记录器"按钮◎，如图3-97所示，记录第1个关键帧。将时间标签放置在0:00:01:05的位置，设置"首字边距"选项为"0.0"，如图3-98所示，记录第2个关键帧。

服装饰品 Banner 文字动效制作完成。

图 3-97   图 3-98

3. 文件保存

选择"文件 > 保存"命令，弹出"另存为"对话框，在对话框中选择文件要保存的位置，在"文件名"文本框中输入"工程文件"，其他选项的设置如图 3-99 所示。单击"保存"按钮，将文件保存。

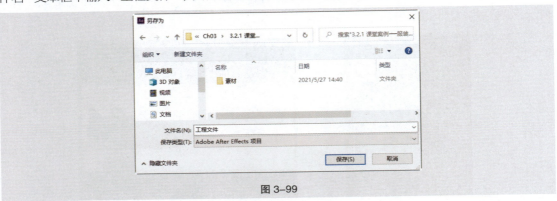

图 3-99

4. 渲染导出

（1）选择"合成 > 添加到 Adobe Media Encoder 队列"命令，系统自动打开 Adobe Media Encoder 软件并将文件添加到 Adobe Media Encoder 软件的"队列"窗口中，如图 3-100 所示。

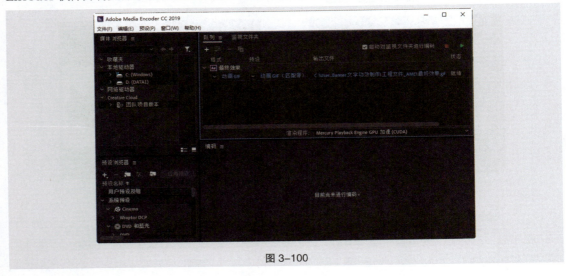

图 3-100

（2）单击"格式"选项组中的下拉按钮 ，在弹出的下拉列表中选择"动画GIF"选项，其他选项的设置如图3-101所示。

图 3-101

（3）设置完成后单击"队列"窗口中的"启动队列"按钮 ，进行文件渲染，如图3-102所示。

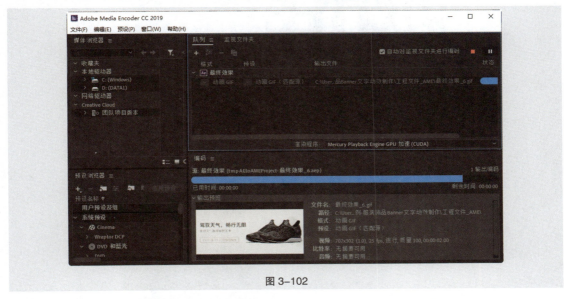

图 3-102

（4）渲染完成后在输出文件位置可以看到GIF动画文件，如图3-103所示。

图 3-103

3.2.2　课堂练习——文化传媒 H5 首页文字动效制作

【案例练习目标】练习使用"横排文字工具"输入文字，使用文字中的文本动画属性制作文字动画，使用"缓动"命令和图表编辑器调节动画速度。

【案例知识要点】使用"横排文字工具"输入文字，使用"字符间距"选项、"不透明度"选项、"位置"选项和"倾斜"选项制作文字动画效果，使用"图表编辑器"按钮打开"动画曲线"调节动画的运动速度。文化传媒 H5 首页文字动效制作效果如图 3-104 所示。

【效果所在位置】云盘 \Ch03\3.2.2　课堂练习——文化传媒 H5 首页文字动效制作 \ 工程文件 .aep。

图 3-104

3.2.3　课后习题——电商平台引导页文字动效制作

【案例练习目标】练习使用"横排文字工具"输入文字，使用"效果和预设"窗口中的效果制作动画；使用"缓出"命令和图表编辑器调节动画速度。

【案例知识要点】使用"横排文字工具"输入文字，使用"3D 基本位置 Z 层叠"动画预设和"淡化上升线"动画预设制作文字动画效果，使用"图表编辑器"按钮打开"动画曲线"调节动画的运动速度。电商平台引导页文字动效制作效果如图 3-105 所示。

【效果所在位置】云盘 \Ch03\3.2.3　课后习题——电商平台引导页文字动效制作 \ 工程文件 .aep。

图 3-105

3.3 形状图层动效

3.3.1 课堂案例——旅游出行图标动效制作

【案例练习目标】练习使用"渐变填充"选项填充图形，使用"圆度"选项制作动画效果。

【案例知识要点】使用"圆角矩形工具"绘制图形，使用"渐变填充"选项填充图形渐变，使用"圆度"选项制作圆度动画效果，使用"表达式"命令制作随机位移动画。旅游出行图标动效制作效果如图 3-106 所示。

【效果所在位置】云盘 \Ch03\3.3.1　课堂案例——旅游出行图标动效制作 \ 工程文件 .aep。

图 3-106

一、导入素材

（1）选择"文件 > 导入 > 文件"命令，在弹出的"导入文件"对话框中，选择云盘中的"Ch03\

3.3.1 课堂案例——旅游出行图标动效制作 \ 素材 \01.psd"文件，如图 3-107 所示。单击"导入"按钮，弹出"01.psd"对话框，如图 3-108 所示。单击"确定"按钮，将文件导入"项目"窗口中。

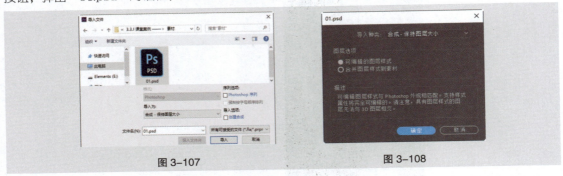

图 3-107　　　　　　　　　　　　　　图 3-108

（2）在"项目"窗口中双击"01"合成，进入"01"合成的编辑窗口。选择"合成 > 合成设置"命令，弹出"合成设置"对话框，在"合成名称"文本框中输入"最终效果"，"持续时间"设为"0:00:02:00"，其他选项的设置如图 3-109 所示。单击"确定"按钮，完成选项的设置，如图 3-110 所示。

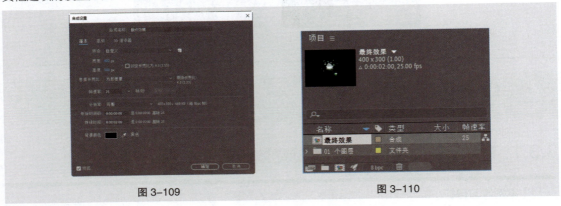

图 3-109　　　　　　　　　　　　　　图 3-110

二、动画制作

1. 绘制圆角矩形并制作动画

（1）选择"图层 > 新建 > 纯色"命令，弹出"纯色设置"对话框，在"名称"文本框中输入"背景"，将"颜色"设置为白色，其他选项的设置如图 3-111 所示。单击"确定"按钮，在当前合成中建立一个新的白色纯色图层，并将其拖曳到底层，如图 3-112 所示。

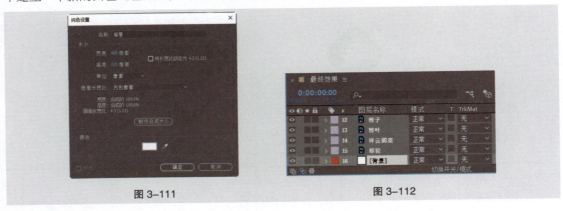

图 3-111　　　　　　　　　　　　　　图 3-112

（2）在"合成"窗口的空白区域单击，取消所有对象的选取。选择"圆角矩形工具" ，在工具栏中设置"填充颜色"为黑色，设置"描边宽度"为0像素，按住 Shift 键的同时，在"合成"窗口中绘制一个圆角矩形。效果如图 3-113 所示。在"时间轴"窗口中自动生成一个"形状图层1"图层，将其拖曳至"背景"图层的上方，如图 3-114 所示。

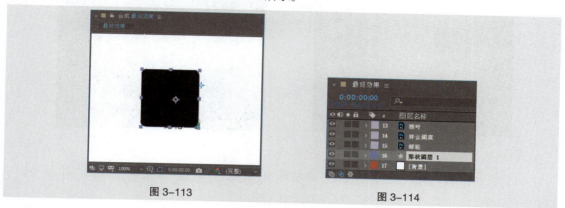

图 3-113   图 3-114

（3）展开"形状图层1"图层"内容 > 矩形1"选项组，选中"填充1"选项组，按 Delete 键，将其删除。结果如图 3-115 所示。用相同的方法删除"描边1"选项组。结果如图 3-116 所示。

图 3-115   图 3-116

（4）展开"矩形路径1"选项组，设置"大小"选项为"96.0，96.0"，设置"圆度"选项为"27"，如图 3-117 所示。"合成"窗口中的效果如图 3-118 所示。

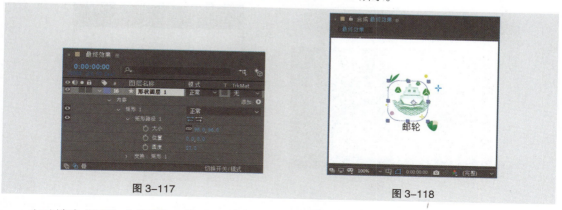

图 3-117   图 3-118

（5）选中"矩形1"选项组，单击"添加"右侧的按钮 ，在弹出的下拉列表中选择"渐变填充"。在"时间轴"窗口中会自动添加一个"渐变填充1"选项组，如图 3-119 所示。展开"渐变填充1"选项组，单击"颜色"选项右侧的"编辑渐变"按钮，弹出"渐变编辑器"对话框，在色带上将左边的"色标"设为绿色（0、153、68），将右边的"色标"设为浅绿色（102、214、152），从而生成渐变色，如图 3-120 所示。单击"确定"按钮，完成渐变色的编辑。

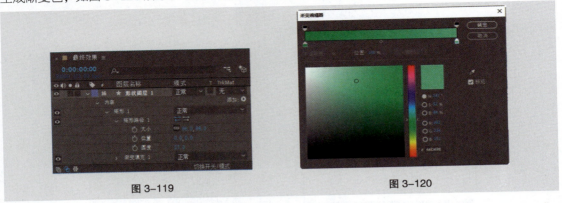

图 3-119   图 3-120

（6）在"时间轴"窗口中设置"起始点"选项为"45.0，0.0"，设置"结束点"选项为"-45.0，0.0"，如图 3-121 所示。"合成"窗口中的效果如图 3-122 所示。

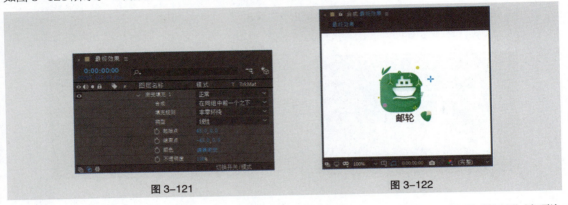

图 3-121   图 3-122

（7）展开"变换：矩形 1"选项组，设置"位置"选项为"-4.0，-16.0"，设置"旋转"选项为"0×+45.0°"，如图 3-123 所示。"合成"窗口中的效果如图 3-124 所示。

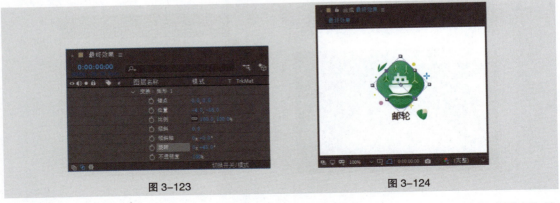

图 3-123   图 3-124

（8）将时间标签放在 0:00:00:05 的位置，在"矩形路径 1"选项组中，单击"圆度"选项左侧的"关键帧自动记录器"按钮 ⏱，如图 3-125 所示，记录第 1 个关键帧。将时间标签放在 0:00:00:20 的位置，设置"圆度"选项为"50.0"，如图 3-126 所示，记录第 2 个关键帧。

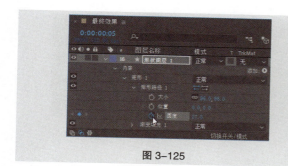
图 3-125

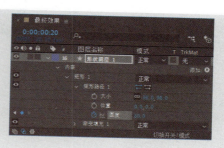
图 3-126

（9）将时间标签放在 0:00:01:05 的位置，单击"圆度"选项左侧的"在当前时间添加或移除关键帧"按钮，如图 3-127 所示，记录第 3 个关键帧。将时间标签放置在 0:00:01:20 的位置，设置"圆度"选项为"27.0"，如图 3-128 所示，记录第 4 个关键帧。

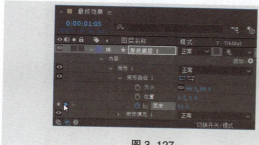
图 3-127

图 3-128

2. 制作装饰动画

（1）选中"粽叶"图层，按 P 键，展开"位置"选项，设置"位置"选项为"151.9，81.0"，如图 3-129 所示。"合成"窗口中的效果如图 3-130 所示。

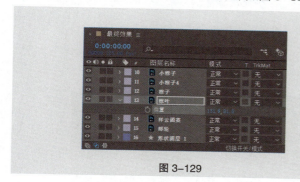
图 3-129

图 3-130

（2）按住 Alt 键的同时，单击"位置"选项左侧的"关键帧自动记录器"按钮，激活表达式属性，如图 3-131 所示。在表达式文本框中输入"wiggle(2,2)"，如图 3-132 所示。

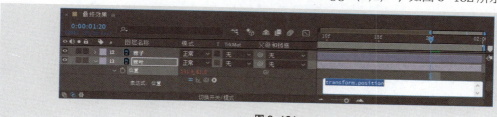
图 3-131

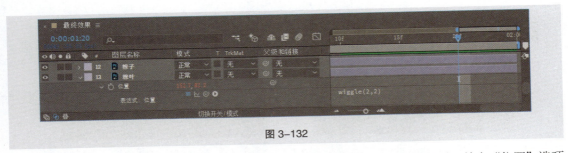

图 3-132

（3）选中"粽子"图层，按 P 键，展开"位置"选项，按住 Alt 键的同时，单击"位置"选项左侧的"关键帧自动记录器"按钮 ，激活表达式属性，如图 3-133 所示。在表达式文本框中输入"wiggle(2,2)"，如图 3-134 所示。

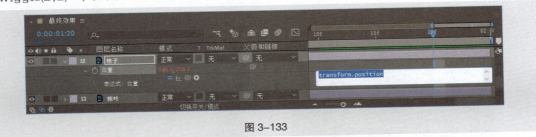

图 3-133

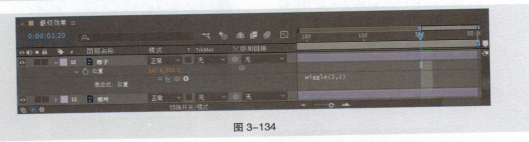

图 3-134

（4）用相同的方法为"紫色圆"图层、"黄色圆 2"图层、"黄色圆 1"图层、"绿色圆"图层、"小黄花"图层和"小蓝花"图层的"位置"选项添加表达式，如图 3-135 所示。

图 3-135

UI 动效设计与制作（全彩慕课版）

3. 制作小粽子动画

（1）将时间标签放在0:00:00:00的位置，选中"小粽子"图层，按T键，展开"不透明度"选项，设置"不透明度"选项为"0%"，单击"不透明度"选项左侧的"关键帧自动记录器"按钮◎，如图3-136所示记录第1个关键帧。将时间标签放在0:00:00:07的位置，设置"不透明度"选项为"100%"，如图3-137所示，记录第2个关键帧。

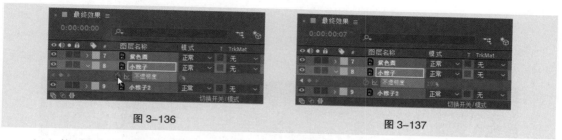

图 3-136   图 3-137

（2）将时间标签放在0:00:00:20的位置，单击"不透明度"选项左侧的"在当前时间添加或移除关键帧"按钮◎，如图3-138所示，记录第3个关键帧。将时间标签放置在0:00:01:00的位置，设置"不透明度"选项为"0%"，如图3-139所示，记录第4个关键帧。

图 3-138   图 3-139

（3）将时间标签放在0:00:00:00的位置，按P键，展开"位置"选项，设置"位置"选项为"162.5，80.0"，单击"位置"选项左侧的"关键帧自动记录器"按钮◎，如图3-140所示，记录第1个关键帧。将时间标签放在0:00:01:00的位置，设置"位置"选项为"162.5，138.0"，如图3-141所示，记录第2个关键帧。

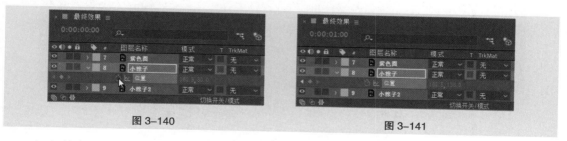

图 3-140   图 3-141

（4）单击"位置"选项，将该选项关键帧全部选中，如图3-142所示。按F9键，将选中的关键帧转为缓动关键帧，如图3-143所示。

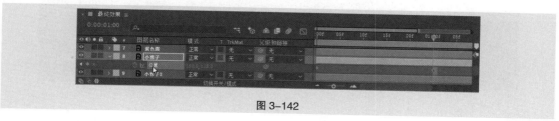

图 3-142

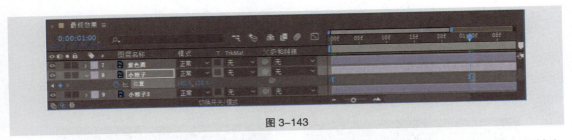

图 3-143

（5）在"时间轴"窗口中，单击"图表编辑器"按钮 ⬚，进入图表编辑器窗口中，如图 3-144 所示。拖曳左侧控制点到适当的位置，如图 3-145 所示。再次单击"图表编辑器"按钮 ⬚，退出图表编辑器。

图 3-144

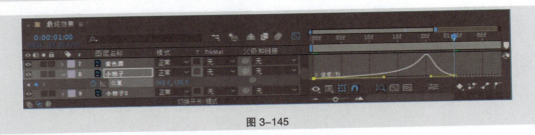

图 3-145

（6）按 T 键，展开"不透明度"选项，单击"不透明度"选项，将该选项关键帧全部选中。按 Ctrl+C 组合键，复制关键帧。将时间标签放在 0:00:00:15 的位置，选中"小粽子 2"图层，按 T 键，展开"不透明度"选项，按 Ctrl+V 组合键，粘贴关键帧，效果如图 3-146 所示。

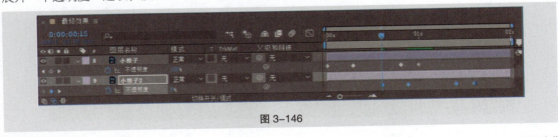

图 3-146

（7）将时间标签放在 0:00:01:00 的位置，选中"小粽子 3"图层，按 T 键，展开"不透明度"选项，按 Ctrl+V 组合键，粘贴关键帧，效果如图 3-147 所示。

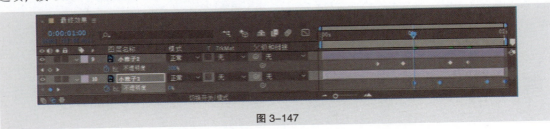

图 3-147

（8）将时间标签放在 0:00:00:10 的位置，选中"小粽子 4"图层，按 T 键，展开"不透明度"选项，按 Ctrl+V 组合键，粘贴关键帧，效果如图 3–148 所示。

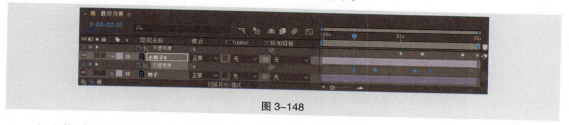

图 3–148

（9）将时间标签放在 0:00:00:15 的位置，选中"小粽子 2"图层，按 P 键，展开"位置"选项，设置"位置"选项为"185.5，71.5"，单击"位置"选项左侧的"关键帧自动记录器"按钮，如图 3–149 所示，记录第 1 个关键帧。将时间标签放在 0:00:01:15 的位置，设置"位置"选项为"185.5，122.5"，如图 3–150 所示，记录第 2 个关键帧。

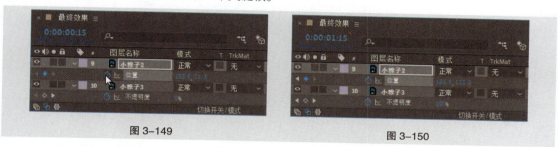

图 3–149   图 3–150

（10）单击"位置"选项，将该选项关键帧全部选中。按 F9 键，将选中的关键帧转为缓动关键帧。单击"图表编辑器"按钮，进入图表编辑器窗口中。拖曳左侧控制点到适当的位置，如图 3–151 所示。再次单击"图表编辑器"按钮，退出图表编辑器。

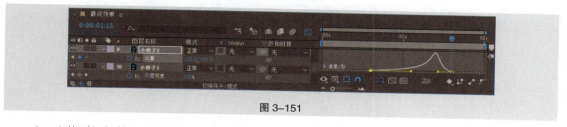

图 3–151

（11）将时间标签放在 0:00:01:00 的位置，选中"小粽子 3"图层，按 P 键，展开"位置"选项，设置"位置"选项为"210.5，72.0"，单击"位置"选项左侧的"关键帧自动记录器"按钮，如图 3–152 所示，记录第 1 个关键帧。将时间标签放在 0:00:02:00 的位置，设置"位置"选项为"210.5，120.0"，如图 3–153 所示，记录第 2 个关键帧。

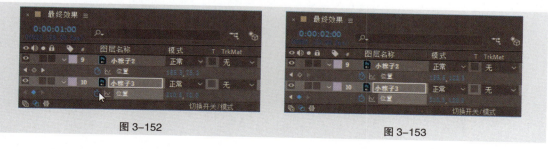

图 3–152   图 3–153

（12）单击"位置"选项，将该选项关键帧全部选中。按 F9 键，将选中的关键帧转为缓动关键帧。单击"图表编辑器"按钮 🔲，进入图表编辑器窗口中。拖曳左侧控制点到适当的位置，如图 3-154 所示。再次单击"图表编辑器"按钮 🔲，退出图表编辑器。

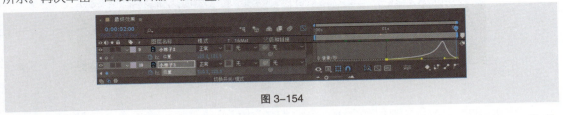

图 3-154

（13）将时间标签放在 0:00:00:10 的位置，选中"小粽子 4"图层，按 P 键，展开"位置"选项，设置"位置"选项为"230.0，78.5"，单击"位置"选项左侧的"关键帧自动记录器"按钮 📷，如图 3-155 所示，记录第 1 个关键帧。将时间标签放在 0:00:01:10 的位置，设置"位置"选项为"230.0，133.5"，如图 3-156 所示，记录第 2 个关键帧。

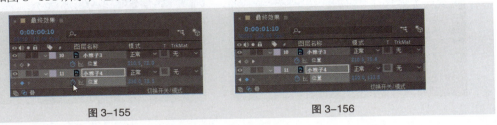

图 3-155　　　　　　　　　　　图 3-156

（14）单击"位置"选项，将该选项关键帧全部选中。按 F9 键，将选中的关键帧转为缓动关键帧。单击"图表编辑器"按钮 🔲，进入图表编辑器窗口中。拖曳左侧控制点到适当的位置，如图 3-157 所示。再次单击"图表编辑器"按钮 🔲，退出图表编辑器。旅游出行图标动效制作完成。

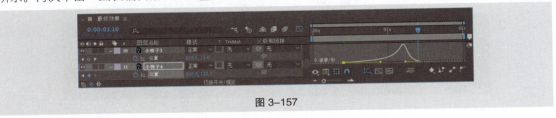

图 3-157

三、文件保存

选择"文件 > 保存"命令，弹出"另存为"对话框，在对话框中选择文件要保存的位置，在"文件名"文本框中输入"工程文件 .aep"，其他选项的设置如图 3-158 所示。单击"保存"按钮，将文件保存。

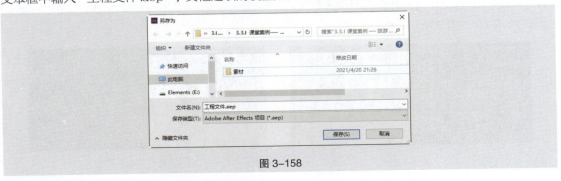

图 3-158

四、渲染导出

（1）选择"合成 > 添加到 Adobe Media Encoder 队列"命令，系统自动打开 Adobe Media Encoder 软件并将文件添加到 Adobe Media Encoder 软件的"队列"窗口中，如图 3-159 所示。

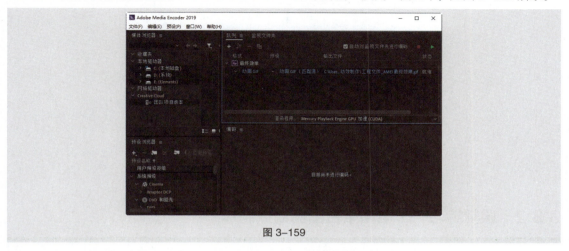

图 3-159

（2）单击"格式"选项组中的下拉按钮，在弹出的下拉列表中选择"动画 GIF"选项，其他选项的设置如图 3-160 所示。

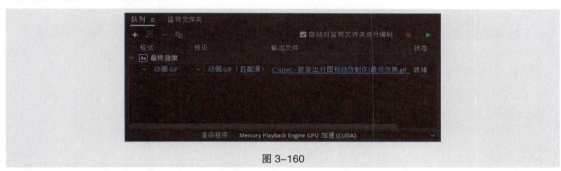

图 3-160

（3）设置完成后单击"队列"窗口中的"启动队列"按钮，进行文件渲染，如图 3-161 所示。

图 3-161

（4）渲染完成后在输出文件位置可以看到 GIF 动画文件，如图 3-162 所示。

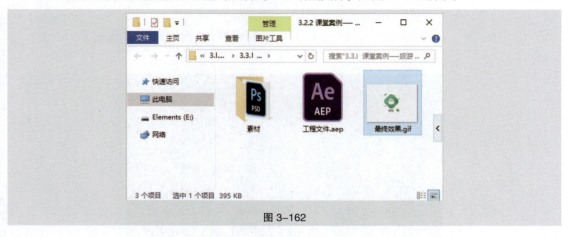

图 3-162

3.3.2　课堂练习——电商平台图标动效制作

【案例练习目标】练习使用"填充颜色"选项填充文字，使用"修剪路径"选项制作动画效果。

【案例知识要点】使用"填充颜色"选项填充文字，使用"修剪路径"选项制作路径动画，利用"不透明度"选项制作动画效果。电商平台图标动效制作效果如图 3-163 所示。

【效果所在位置】云盘 \Ch03\3.3.2　课堂练习——电商平台图标动效制作 \ 工程文件 .aep。

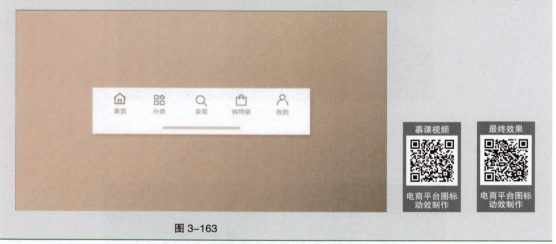

慕课视频
电商平台图标
动效制作

最终效果
电商平台图标
动效制作

图 3-163

3.3.3　课后习题——电商平台下拉刷新动效制作

【案例练习目标】练习使用"中继器"选项和"修剪路径"选项制作图形旋转动画。

【案例知识要点】使用"圆角矩形工具"和"椭圆工具"绘制图形，使用"中继器"选项和"修剪路径"选项制作图形旋转动画，使用"图表编辑器"按钮打开"动画曲线"调节动画的运动速度。电商平台下拉刷新动效制作效果如图 3-164 所示。

【效果所在位置】云盘 \Ch03\3.3.3　课后习题——电商平台下拉刷新动效制作 \ 工程文件 .aep。

图 3-164

3.4　蒙版 / 遮罩动效

3.4.1　课堂案例——食品餐饮动态图标制作

【案例学习目标】学习使用表达式制作弹性动画效果，添加填充颜色制作变色动画效果。

【案例知识要点】使用"从矢量图层创建形状"命令从图层创建图形，使用"表达式"命令制作弹性动画效果，使用"添加＞填充颜色"选项制作变色动画，使用"图表编辑器"按钮打开"动画曲线"调节动画的运动速度，使用"横排文字工具"输入文字。食品餐饮动态图标制作效果如图 3-165 所示。

【效果所在位置】云盘 \Ch03\3.4.1　课堂案例——食品餐饮动态图标制作 \ 工程文件 .aep。

图 3-165

一、导入素材

（1）选择"文件 > 导入 > 文件"命令，在弹出的"导入文件"对话框中，选择云盘中的"Ch03\3.4.1 课堂案例——食品餐饮动态图标制作 \ 素材 \01.ai"文件，在"导入为："中选择"合成 - 保持图层大小"选项，其他选项的设置如图 3-166 所示。单击"导入"按钮，将文件导入"项目"窗口中，如图 3-167 所示。

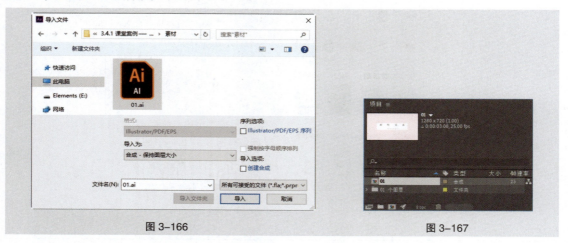

图 3-166　　　　　　　　　　　　　　　　　图 3-167

（2）在"项目"窗口中双击"01"合成，进入"01"合成的编辑窗口。选择"合成 > 合成设置"命令，弹出"合成设置"对话框，在"合成名称"文本框中输入"最终效果"，"持续时间"设为"0:00:03:08"，其他选项的设置如图 3-168 所示。单击"确定"按钮，完成选项的设置，如图 3-169 所示。

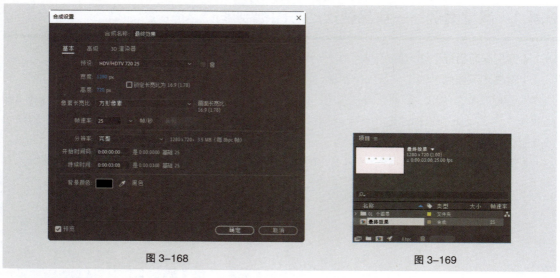

图 3-168　　　　　　　　　　　　　　　　　图 3-169

二、动画制作

1. 制作"渐变动画"动画

（1）按 Ctrl+N 组合键，弹出"合成设置"对话框，在"合成名称"文本框中输入"渐变动画"，设置"背景颜色"为黑色，设置"持续时间"为"0:00:01:00"，其他选项的设置如图 3-170 所示。单击"确定"按钮，创建一个新的合成"渐变动画"，如图 3-171 所示。

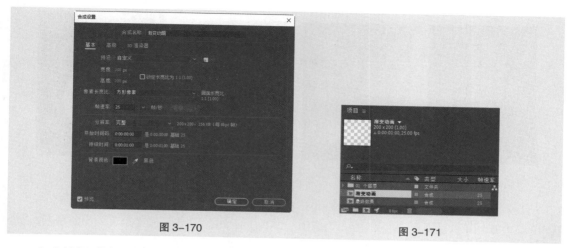

图 3-170   图 3-171

（2）选择"椭圆工具" ，在工具栏中设置"填充颜色"为白色，设置"描边宽度"为 0 像素，按住 Shift 键的同时在"合成"窗口中绘制一个圆形，如图 3-172 所示。在"时间轴"窗口中自动生成"形状图层 1"图层，如图 3-173 所示。

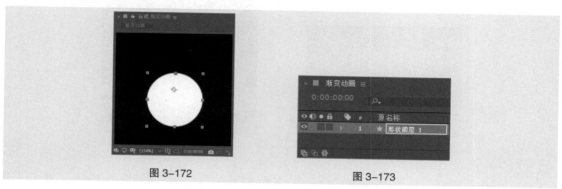

图 3-172   图 3-173

（3）展开"形状图层 1"图层"内容 > 椭圆 1 > 椭圆路径 1"选项组，设置"大小"选项为"119.0，119.0"，如图 3-174 所示。展开"触控点"图层"内容 > 椭圆 1 > 填充 1"选项组，设置"不透明度"选项为"0%"。效果如图 3-175 所示。

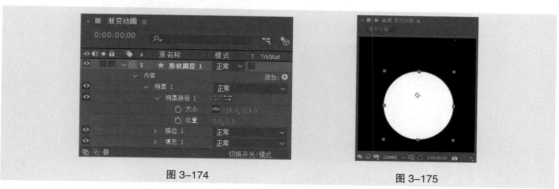

图 3-174   图 3-175

（4）选中"形状图层 1"图层，选择"窗口 > Motion 2.jsxbin"命令，打开"Motion 2"窗口，如图 3-176 所示。单击 按钮，进入锚点控制区，如图 3-177 所示。单击 按钮，如图 3-178 所示。调整图层的锚点，效果如图 3-179 所示。

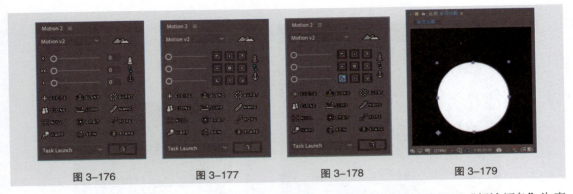

图 3-176　　　　　图 3-177　　　　　图 3-178　　　　　图 3-179

（5）选择"效果 > 生成 > 梯度渐变"命令，在"效果控件"窗口中，设置"起始颜色"为青色（64、180、245），设置"结束颜色"为紫色（150、72、252），其他设置如图 3-180 所示。"合成"窗口中的效果如图 3-181 所示。

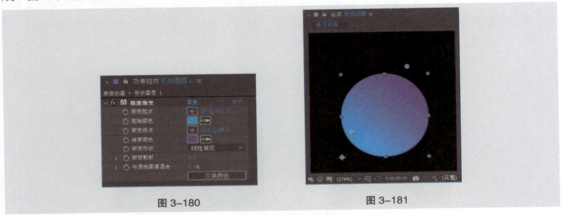

图 3-180　　　　　　　　　　　　　图 3-181

（6）选中"形状图层 1"图层，按 Ctrl+D 组合键，复制图层，生成"形状图层 2"图层。选中"形状图层 2"图层，在"效果控件"窗口中，修改"起始颜色"为玫红色（227、0、126），修改"结束颜色"为红色（229、0、21），如图 3-182 所示。"合成"窗口中的效果如图 3-183 所示。

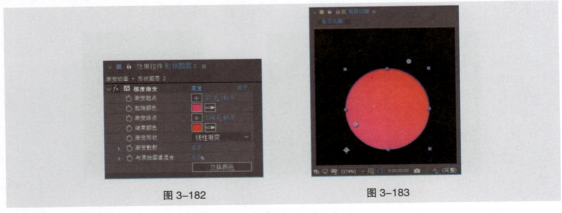

图 3-182　　　　　　　　　　　　　图 3-183

（7）选中"形状图层 2"图层，按 Ctrl+D 组合键，复制图层，生成"形状图层 3"图层。选中"形状图层 3"图层，在"效果控件"窗口中，修改"起始颜色"为橘黄色（242、100、3），修改"结束颜色"为橘红色（252、51、0），如图 3-184 所示。"合成"窗口中的效果如图 3-185 所示。

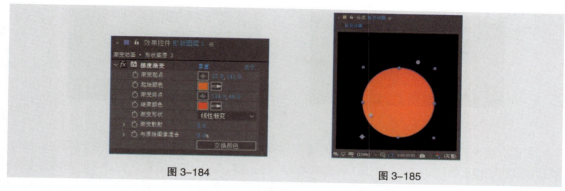

图 3-184   图 3-185

（8）选中"形状图层 1"图层，按 S 键，展开"缩放"选项，设置"缩放"选项为"30.0，30.0%"，单击"缩放"选项左侧的"关键帧自动记录器"按钮 ，如图 3-186 所示，记录第 1 个关键帧。将时间标签放置在 0:00:00:05 的位置，设置"缩放"选项为"100.0，100.0%"，如图 3-187 所示，记录第 2 个关键帧。

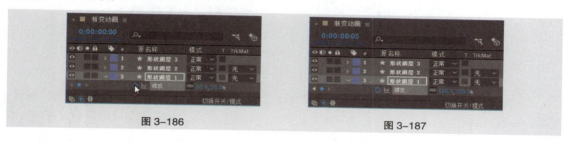

图 3-186   图 3-187

（9）单击"不透明度"选项，将该选项关键帧全部选中，如图 3-188 所示。按 F9 键，将关键帧转为缓动关键帧，如图 3-189 所示。

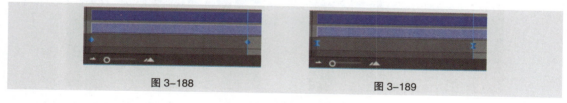

图 3-188   图 3-189

（10）在"时间轴"窗口中，单击"图表编辑器"按钮 ，进入图表编辑器窗口中，如图 3-190 所示。拖曳控制点到适当的位置，如图 3-191 所示。再次单击"图表编辑器"按钮 ，退出图表编辑器。

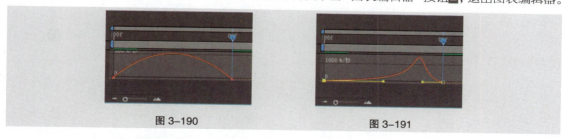

图 3-190   图 3-191

（11）将时间标签放置在 0:00:00:04 的位置，选中"形状图层 2"图层，按 S 键，展开"缩放"选项，设置"缩放"选项为"30.0，30.0%"，单击"缩放"选项左侧的"关键帧自动记录器"按钮 ，如图 3-192 所示，记录第 1 个关键帧。将时间标签放置在 0:00:00:07 的位置，设置"缩放"选项为"100.0，100.0%"，如图 3-193 所示，记录第 2 个关键帧。

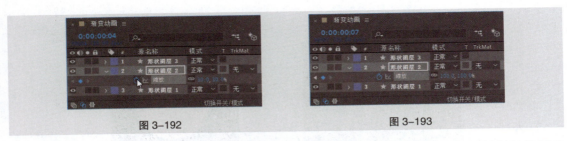

图 3-192   图 3-193

（12）单击"不透明度"选项，将该选项关键帧全部选中。按 F9 键，将关键帧转为缓动关键帧。在"时间轴"窗口中，单击"图表编辑器"按钮，进入图表编辑器窗口中，如图 3-194 所示。拖曳控制点到适当的位置，如图 3-195 所示。再次单击"图表编辑器"按钮，退出图表编辑器。

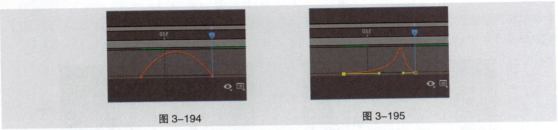

图 3-194   图 3-195

（13）将时间标签放置在 0:00:00:06 的位置，选中"形状图层 3"图层，按 S 键，展开"缩放"选项，设置"缩放"选项为"30.0，30.0%"，单击"缩放"选项左侧的"关键帧自动记录器"按钮，如图 3-196 所示，记录第 1 个关键帧。将时间标签放置在 0:00:00:09 的位置，设置"缩放"选项为"100.0，100.0%"，如图 3-197 所示，记录第 2 个关键帧。

图 3-196   图 3-197

（14）单击"不透明度"选项，将该选项关键帧全部选中。按 F9 键，将关键帧转为缓动关键帧。在"时间轴"窗口中，单击"图表编辑器"按钮，进入图表编辑器窗口中，如图 3-198 所示。拖曳控制点到适当的位置，如图 3-199 所示。再次单击"图表编辑器"按钮，退出图表编辑器。

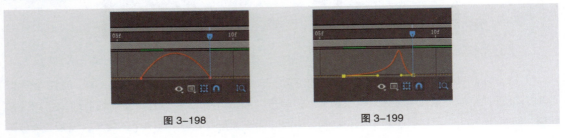

图 3-198   图 3-199

2. 输入文字

（1）进入"最终效果"合成窗口中。选择"横排文字工具" T ，在"合成"窗口中输入文字"首页"。选中文字，在"字符"窗口中，设置"填充颜色"为灰色（153、153、153），其他参数设置如图 3-200 所示。按 P 键，展开"位置"选项，设置"位置"选项为"360.0，369.0"。"合成"窗口中的效果如图 3-201 所示。

图 3-200   图 3-201

（2）在"时间轴"窗口中，选中"首页"图层，如图 3-202 所示。将其拖曳到"首页图标-装饰"图层的上方，如图 3-203 所示。

图 3-202   图 3-203

（3）用步骤 1 和步骤 2 中的方法输入其他文字并放置在适当的位置，效果如图 3-204 所示。在"时间轴"窗口中调整文字图层的顺序，如图 3-205 所示。

图 3-204   图 3-205

3. 制作动画效果

（1）在"时间轴"窗口中，选中"首页图标-默认"图层，选择"图层 > 创建 > 从矢量图层创建形状"命令，在"时间轴"窗口中自动生成一个"'首页图标-默认'轮廓"图层，如图 3-206 所示。将"'首页图标-默认'轮廓"图层拖曳到"首页图标-默认"图层的下方，如图 3-207 所示。

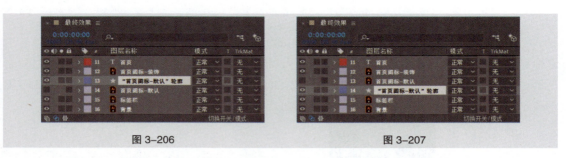

图 3-206   图 3-207

（2）用步骤 1 中的方法将"发现图标－默认"图层、"订单图标－点击"图层和"我的图标－默认"图层转为形状图层，如图 3-208 所示。调整图层的排列顺序，如图 3-209 所示。

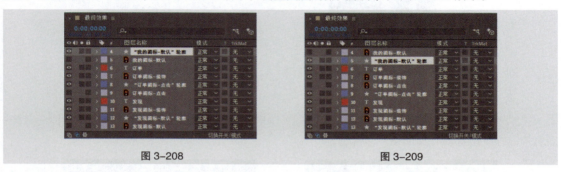

图 3-208   图 3-209

（3）在"时间轴"窗口中，选中"首页图标－装饰"图层，选择"图层 > 创建 > 从矢量图层创建形状"命令，在"时间轴"窗口中自动生成一个"'首页图标－装饰'轮廓"图层，如图 3-210 所示。在"时间轴"窗口中，选中"首页图标－装饰"图层，按 Delete 键，将"首页图标－装饰"图层删除，效果如图 3-211 所示。

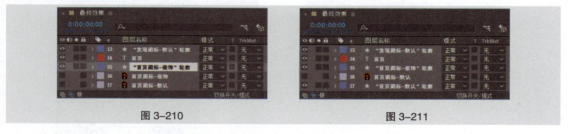

图 3-210   图 3-211

（4）用步骤 3 中的方法将"发现图标－装饰"图层、"订单图标－装饰"图层和"我的图标－装饰"图层转为形状图层，效果如图 3-212 所示。将时间标签放置在 0:00:00:01 的位置，如图 3-213 所示。

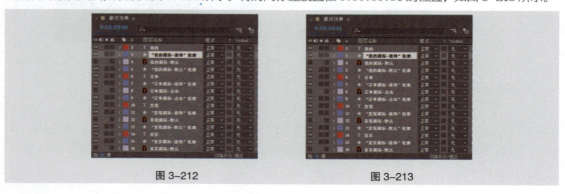

图 3-212   图 3-213

（5）选中"'首页图标－默认'轮廓"图层，按 T 键，展开"不透明度"选项，单击"不透明度"选项左侧的"关键帧自动记录器"按钮，如图 3-214 所示，记录第 1 个关键帧。将时间标签放置在 0:00:00:02 的位置，设置"不透明度"选项为"0%"，如图 3-215 所示，记录第 2 个关键帧。

图 3-214　　　　　　　　　　　　　　　　图 3-215

（6）将时间标签放置在 0:00:00:14 的位置，单击"不透明度"选项左侧的"在当前时间添加或移除关键帧"按钮，如图 3-216 所示，记录第 3 个关键帧。将时间标签放置在 0:00:00:15 的位置，设置"不透明度"选项为"100%"，如图 3-217 所示，记录第 4 个关键帧。

图 3-216　　　　　　　　　　　　　　　　图 3-217

（7）在"项目"窗口中，选中"［渐变动画］"合成，将其拖曳到"时间轴"窗口中，并将其放置在"首页图标－默认"图层的下方，如图 3-218 所示。按 P 键，展开"位置"选项，设置"位置"选项为"363.0，298.0"，如图 3-219 所示。

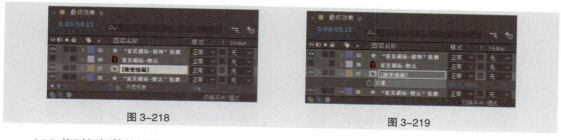

图 3-218　　　　　　　　　　　　　　　　图 3-219

（8）将时间标签放置在 0:00:00:01 的位置，按 Alt+[组合键，设置动画的入点。将时间标签放置在 0:00:00:14 的位置，按 Alt+] 组合键，设置动画的出点。将"［渐变动画］"图层的"T TrkMat"选项设置为"Alpha 遮罩'首页图标－默认'"，如图 3-220 所示。

图 3-220

（9）选中"'首页图标－装饰'轮廓"图层，按 A 键，展开"锚点"选项，设置"锚点"选项为"11.1，9.7"，如图 3-221 所示；按住 Shift 键的同时，按 P 键，展开"位置"选项，设置"位置"选项为"352.8，317.1"，如图 3-222 所示。

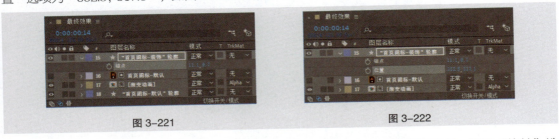

图 3-221　　　　　　　　　　　　　　　图 3-222

（10）将时间标签放置在 0：00：00：04 的位置，按 R 键，展开"旋转"选项，设置"旋转"选项为"0×+24.0°"，单击"旋转"选项左侧的"关键帧自动记录器"按钮，如图 3-223 所示，记录第 1 个关键帧。将时间标签放置在 0：00：00：06 的位置，设置"旋转"选项为"0×+0.0°"，如图 3-224 所示，记录第 2 个关键帧。

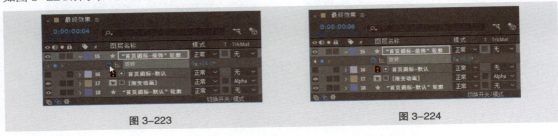

图 3-223　　　　　　　　　　　　　　　图 3-224

（11）将时间标签放置在 0：00：00：08 的位置，设置"旋转"选项为"0×-18.0°"，如图 3-225 所示，记录第 3 个关键帧。将时间标签放置在 0：00：00：10 的位置，设置"旋转"选项为"0×+0.0°"，如图 3-226 所示，记录第 4 个关键帧。

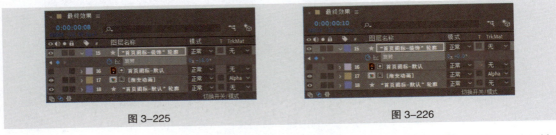

图 3-225　　　　　　　　　　　　　　　图 3-226

（12）按住 Alt 键的同时，单击"旋转"选项左侧的"关键帧自动记录器"按钮，激活表达式属性。在表达式文本框中输入图 3-227 所示的代码。

图 3-227

（13）将时间标签放置在 0:00:00:00 的位置，选中"首页"图层并展开属性，单击"动画"右侧的按钮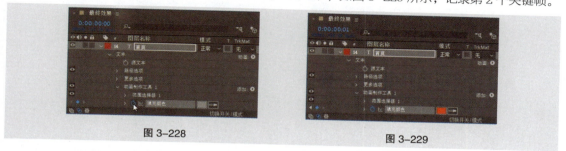，在弹出的下拉列表中选择"填充颜色 > RGB"选项，在"时间轴"窗口中会自动添加一个"动画制作工具 1"选项。

（14）设置"填充颜色"选项为灰色（153、153、153），单击"填充颜色"选项左侧的"关键帧自动记录器"按钮，如图 3-228 所示，记录第 1 个关键帧。将时间标签放置在 0:00:00:01 的位置，设置"填充颜色"选项为橘红色（255、70、0），如图 3-229 所示，记录第 2 个关键帧。

图 3-228   图 3-229

（15）将时间标签放置在 0:00:00:14 的位置，单击"填充颜色"选项左侧的"在当前时间添加或移除关键帧"按钮，如图 3-230 所示，记录第 3 个关键帧。将时间标签放置在 0:00:00:15 的位置，设置"填充颜色"选项为灰色（153、153、153），如图 3-231 所示，记录第 4 个关键帧。

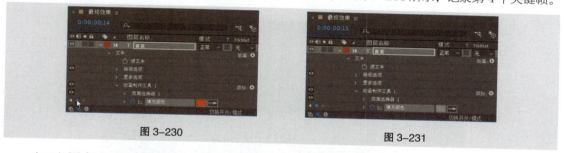

图 3-230   图 3-231

（16）用步骤 5～步骤 15 中的方法对其他图层进行动画处理，并设置不同的入场和出场时间。食品餐饮 MG 动态图标制作完成，效果如图 3-232 所示。

图 3-232

三、文件保存

选择"文件 > 保存"命令，弹出"另存为"对话框，在对话框中选择文件要保存的位置，在"文件名"文本框中输入"工程文件 .aep",其他选项的设置如图 3-233 所示。单击"保存"按钮,将文件保存。

图 3-233

四、渲染导出

(1)选择"合成 > 添加到 Adobe Media Encoder 队列"命令,系统自动打开 Adobe Media Encoder 软件并将文件添加到 Adobe Media Encoder 软件的"队列"窗口中,如图 3-234 所示。

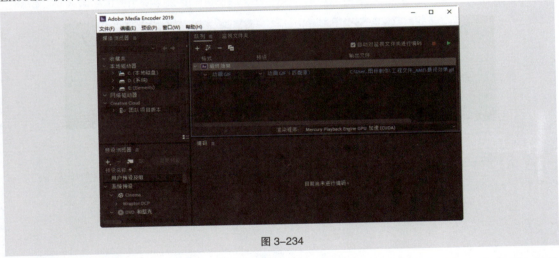

图 3-234

(2)单击"格式"选项组中的下拉按钮 ,在弹出的下拉列表中选择"动画 GIF"选项,其他选项的设置如图 3-235 所示。

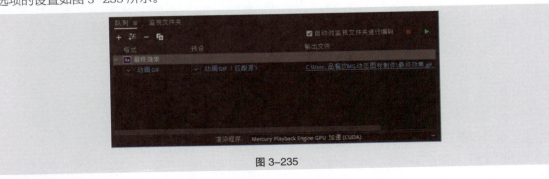

图 3-235

（3）设置完成后单击"队列"窗口中的"启动队列"按钮 ▶ ，进行文件渲染，如图 3-236 所示。

图 3-236

（4）渲染完成后在输出文件位置可以看到 GIF 动画文件，如图 3-237 所示。

图 3-237

3.4.2　课堂练习——食品餐饮活动页动效制作

【案例学习目标】学习使用"锚点"选项和"不透明度"选项制作动画效果，使用"缓动"命令和图表编辑器调节动画速度，使用蒙版工具制作蒙版动画。

【案例知识要点】利用"锚点"选项和"不透明度"选项制作锚点和不透明度动画，使用"图表编辑器"按钮打开"动画曲线"调节动画的运动速度，使用"矩形工具"创建蒙版动画。食品餐饮活动页动效制作效果如图 3-238 所示。

【效果所在位置】云盘 \Ch03\3.4.2　课堂练习——食品餐饮活动页动效制作 \ 工程文件 .aep。

图 3-238

3.4.3　课后习题——电商平台闪屏页动效制作

【案例学习目标】学习使用"位置"选项制作动画效果，使用"缓动"命令和图表编辑器调节动画速度，使用蒙版工具制作蒙版动画。

【案例知识要点】利用"位置"选项制作位置动画，使用"图表编辑器"按钮打开"动画曲线"调节动画的运动速度，使用"矩形工具"创建蒙版动画。电商平台闪屏页动效制作效果如图 3-239 所示。

【效果所在位置】云盘 \Ch03\3.4.3　课后习题——电商平台闪屏页动效制作 \ 工程文件 .aep。

图 3-239

3.5 内置特效动效

3.5.1 课堂案例——IT 互联网饼形图组件制作

【案例学习目标】学习使用"径向擦除"效果制作饼形图，使用"编码"效果制作数字递增。

【案例知识要点】使用"径向擦除"效果制作动画，使用"编码"效果制作数字递增动画效果，使用"图表编辑器"按钮打开"动画曲线"调节动画的运动速度。IT 互联网饼形图组件制作效果如图 3-240 所示。

【效果所在位置】云盘 \Ch03\3.5.1 课堂案例——IT 互联网饼形图组件制作 \ 工程文件 .aep。

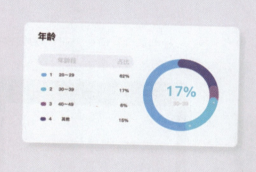

图 3-240

1. 导入素材

（1）选择"文件 > 导入 > 文件"命令，在弹出的"导入文件"对话框中，选择云盘中的"Ch03\3.5.1 课堂案例——IT 互联网饼形图组件制作 \ 素材 \01.ai"文件，如图 3-241 所示。单击"导入"按钮，将文件导入"项目"窗口中，如图 3-242 所示。

图 3-241

图 3-242

（2）在"项目"窗口中双击"01"合成，进入"01"合成的编辑窗口。选择"合成 > 合成设置"命令，弹出"合成设置"对话框，在"合成名称"文本框中输入"最终效果"，"持续时间"设为"0:00:05:00"，其他选项的设置如图3-243所示。单击"确定"按钮，完成选项的设置，如图3-244所示。

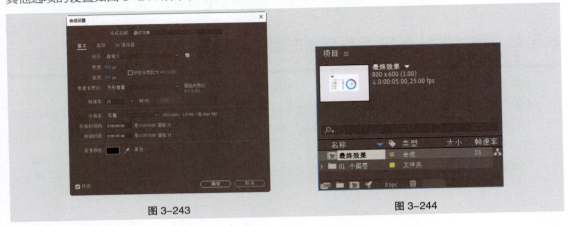

图 3-243　　　　　　　　　　　　　　　　　图 3-244

2. 动画制作

（1）选中"饼形图"图层，选择"效果 > 过渡 > 径向擦除"命令，在"效果控件"窗口中进行参数设置，如图3-245所示。"合成"窗口中的效果如图3-246所示。

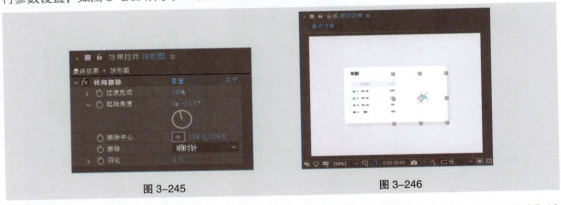

图 3-245　　　　　　　　　　　　　　　　　图 3-246

（2）将时间标签放置在0:00:00:02的位置，在"效果控件"窗口中，单击"过渡完成"选项左侧的"关键帧自动记录器"按钮，如图3-247所示，记录第1个关键帧。将时间标签放置在0:00:00:15的位置，设置"过渡完成"选项为"0%"，如图3-248所示，记录第2个关键帧。

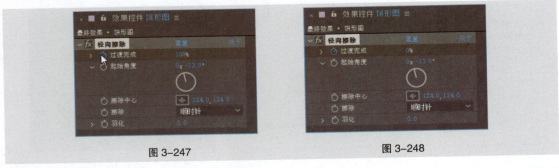

图 3-247　　　　　　　　　　　　　　　　　图 3-248

（3）选中"饼形图"图层，按U键，展开该图层的所有关键帧，如图3-249所示。单击"过渡完成"选项，将该选项关键帧全部选中，如图3-250所示。

图 3-249

图 3-250

（4）按 F9 键，将关键帧转为缓动关键帧，如图 3-251 所示。

图 3-251

（5）在"时间轴"窗口中，单击"图表编辑器"按钮，进入图表编辑器窗口中，如图 3-252 所示。拖曳左侧控制点到适当的位置，如图 3-253 所示。再次单击"图表编辑器"按钮，退出图表编辑器。

图 3-252

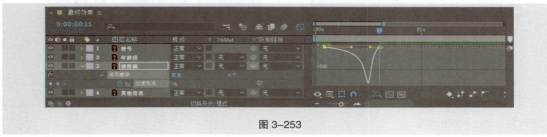

图 3-253

（6）将时间标签放置在 0:00:00:02 的位置，选中"年龄段"图层，按 T 键，展开"不透明度"选项，设置"不透明度"选项为"0%"，单击"不透明度"选项左侧的"关键帧自动记录器"按钮，如图 3-254 所示，记录第 1 个关键帧。将时间标签放置在 0:00:00:10 的位置，设置"不透明度"选项为"100%"，如图 3-255 所示，记录第 2 个关键帧。

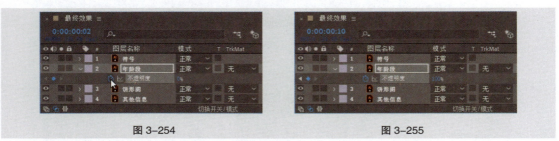

图 3-254　　　　　　　　　　　　　　　　　　　　图 3-255

（7）将时间标签放置在 0:00:00:02 的位置，选中"符号"图层，按 Alt+ [组合键，设置动画的入点，如图 3-256 所示。

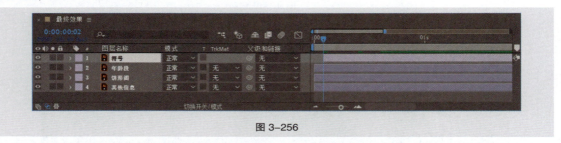

图 3-256

（8）选择"图层 > 新建 > 纯色"命令，弹出"纯色设置"对话框，在"名称"文本框中输入"数值"，将"颜色"设置为白色，其他选项的设置如图 3-257 所示。单击"确定"按钮，在当前合成中建立一个新的白色纯色图层，如图 3-258 所示。

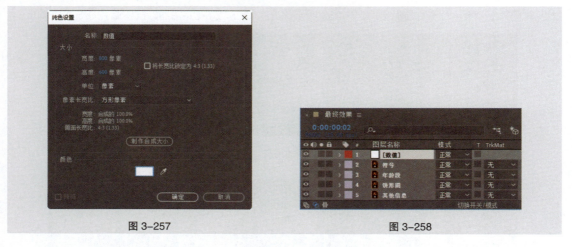

图 3-257　　　　　　　　　　　　　　　　　　　　图 3-258

（9）选中"［数值］"图层，按 Alt+ [组合键，设置动画的入点。选择"效果 > 文本 > 编号"命令，在弹出的"编号"对话框中进行设置，如图 3-259 所示。单击"确定"按钮。"合成"窗口中的效果如图 3-260 所示。

图 3-259   图 3-260

（10）在"效果控件"窗口中，设置"小数位数"选项为"0"，设置"位置"选项为"512.0，314.0"，设置"填充颜色"为青色（61、210、244），其他选项的设置如图 3-261 所示。"合成"窗口中的效果如图 3-262 所示。

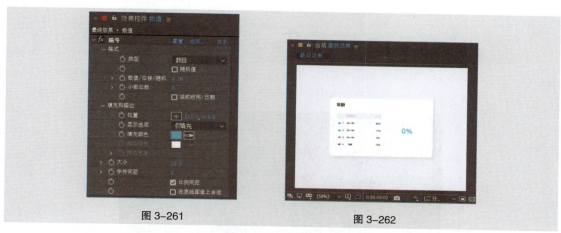

图 3-261   图 3-262

（11）保持时间标签放置在 0：00：00：02 的位置，在"效果控件"窗口中，单击"数值 / 位移 / 随机"选项左侧的"关键帧自动记录器"按钮，如图 3-263 所示，记录第 1 个关键帧。将时间标签放置在 0：00：00：15 的位置，设置"数值 / 位移 / 随机"选项为"17.00"，如图 3-264 所示，记录第 2 个关键帧。IT 互联网饼形图组件制作完成。

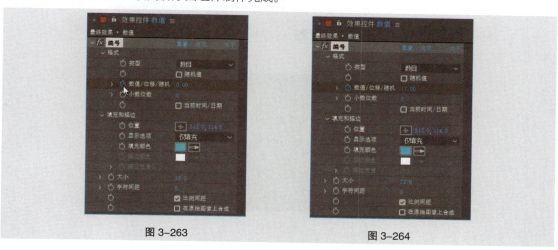

图 3-263   图 3-264

3. 文件保存

选择"文件 > 保存"命令，弹出"另存为"对话框，在对话框中选择文件要保存的位置，在"文件名"文本框中输入"工程文件.aep"，其他选项的设置如图 3-265 所示。单击"保存"按钮，将文件保存。

图 3-265

4. 渲染导出

（1）选择"合成 > 添加到 Adobe Media Encoder 队列"命令，系统自动打开 Adobe Media Encoder 软件并将文件添加到 Adobe Media Encoder 软件的"队列"窗口中，如图 3-266 所示。

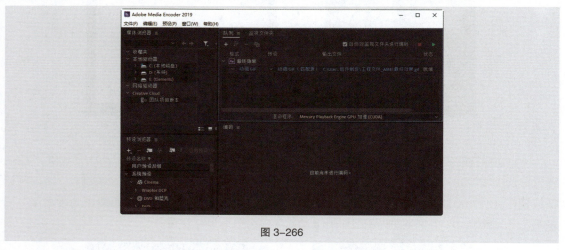

图 3-266

（2）单击"格式"选项组中的下拉按钮，在弹出的下拉列表中选择"动画 GIF"选项，其他选项的设置如图 3-267 所示。

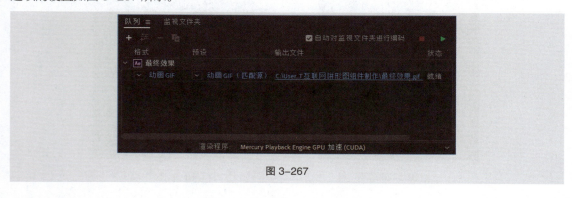

图 3-267

UI 动效设计与制作（全彩慕课版）

（3）设置完成后单击"队列"窗口中的"启动队列"按钮 ▶ ，进行文件渲染，如图 3-268 所示。

图 3-268

（4）渲染完成后在输出文件位置可以看到 GIF 动画文件，如图 3-269 所示。

图 3-269

3.5.2 课堂练习——文化传媒闪屏页动效制作

【案例学习目标】学习使用"CC Snow Fall"效果、"发光"效果和"高斯模糊"效果制作动画效果。

【案例知识要点】使用"CC Snow Fall"效果制作飘落雪花，使用"发光"效果和"高斯模糊"效果制作太阳发光与模糊效果，使用"色调"效果调整大雁颜色。文化传媒闪屏页动效制作效果如图 3-270 所示。

【效果所在位置】云盘 \Ch03\3.5.2 课堂练习——文化传媒闪屏页动效制作 \ 工程文件 .aep。

图 3-270

3.5.3　课后习题——文化传媒 H5 首页文字动效制作

【案例学习目标】学习使用"横排文字工具"输入文字，使用"效果和预设"窗口中的效果制作动画，使用"钢笔工具"绘制路径，使用"描边"和"梯度渐变"效果制作文字动画。

【案例知识要点】使用"横排文字工具"输入文字，使用"伸缩进入每行"动画预设、"缓慢淡化打开"动画预设、"子弹头列车"动画预设和"底线"动画预设制作文字动画效果，使用"钢笔工具"创建蒙版路径，使用"梯度渐变"效果制作文字渐变，使用"描边"效果制作文字动画。文化传媒 H5 首页文字动效制作效果如图 3-271 所示。

【效果所在位置】云盘 \Ch03\3.5.3　课后习题——文化传媒 H5 首页文字动效制作 \ 工程文件 .aep。

图 3-271

3.6 表达式控制动效

3.6.1 课堂案例——IT 互联网开关控件动效制作

【案例学习目标】学习使用蒙版工具制作蒙版动画，使用"表达式"命令制作弹性动画效果。

【案例知识要点】使用"椭圆工具"和"圆角矩形工具"绘制图形，使用"新建蒙版"命令创建蒙版动画，使用"表达式"命令制作弹性动画效果。IT 互联网开关控件动效制作效果如图 3-272 所示。

【效果所在位置】云盘 \Ch03\3.6.1 课堂案例——IT 互联网开关控件动效制作 \ 工程文件 .aep。

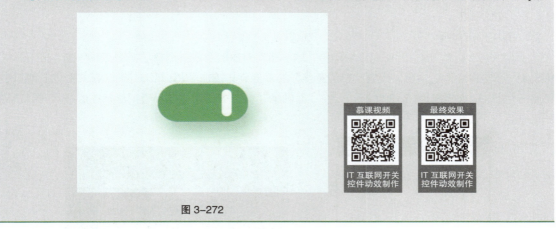

图 3-272

一、导入素材

（1）选择"文件 > 导入 > 文件"命令，在弹出的"导入文件"对话框中，选择云盘中的"Ch03\3.6.1 课堂案例——IT 互联网开关控件动效制作 \ 素材 \01.psd"文件，如图 3-273 所示。单击"导入"按钮，弹出"01.psd"对话框，如图 3-274 所示。单击"确定"按钮，将文件导入"项目"窗口中。

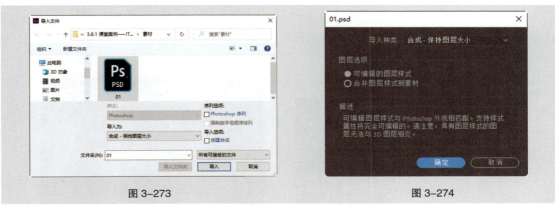

图 3-273   图 3-274

（2）在"项目"窗口中双击"01"合成，进入"01"合成的编辑窗口。选择"合成 > 合成设置"命令，弹出"合成设置"对话框，在"合成名称"文本框中输入"最终效果"，"持续时间"设为"0:00:04:00"，其他选项的设置如图 3-275 所示。单击"确定"按钮，完成选项的设置，如图 3-276 所示。

图 3-275   图 3-276

二、动画制作

1. 制作点击动画

（1）在"合成"窗口的空白区域单击，取消所有对象的选取。选择"椭圆工具" <img>，在工具栏中设置"填充颜色"为白色，设置"描边宽度"为 0 像素，按住 Shift 键的同时，在"合成"窗口中绘制一个圆形。效果如图 3-277 所示。在"时间轴"窗口中自动生成一个"形状图层 1"图层，将图层命名为"点击"，如图 3-278 所示。

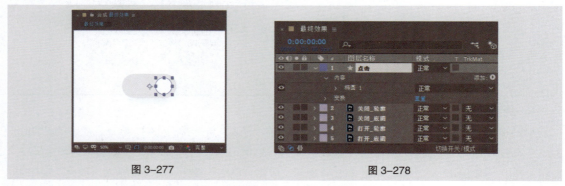

图 3-277   图 3-278

（2）展开"点击"图层"内容 > 椭圆 1"选项组，选中"描边 1"选项组，按 Delete 键，将其删除。结果如图 3-279 所示。展开"椭圆路径 1"选项组，设置"大小"选项为"88.0，88.0"，如图 3-280 所示。

图 3-279   图 3-280

（3）将时间标签放置在 0:00:00:05 的位置，在"椭圆路径 1"选项组中，单击"大小"选项

UI 动效设计与制作（全彩慕课版）

左侧的"关键帧自动记录器"按钮 ，如图 3-281 所示，记录第 1 个关键帧。将时间标签放置在 0：00：00：08 的位置，设置"大小"选项为"76.0，76.0"，如图 3-282 所示，记录第 2 个关键帧。

图 3-281   图 3-282

（4）将时间标签放置在 0：00：00：13 的位置，单击"大小"选项左侧的"在当前时间添加或移除关键帧"按钮 ，如图 3-283 所示，记录第 3 个关键帧。将时间标签放置在 0：00：00：20 的位置，设置"大小"选项为"156.0，156.0"，如图 3-284 所示，记录第 4 个关键帧。

图 3-283   图 3-284

（5）保持时间标签放置在 0：00：00：20 的位置，单击"位置"选项左侧的"关键帧自动记录器"按钮 ，如图 3-285 所示，记录第 1 个关键帧。将时间标签放置在 0：00：02：05 的位置，设置"位置"选项为"-156.0，0.0"，如图 3-286 所示，记录第 2 个关键帧。

图 3-285   图 3-286

（6）保持时间标签放置在 0：00：02：05 的位置，单击"大小"选项，将该选项关键帧全部选中。按 Ctrl+C 组合键，复制关键帧，如图 3-287 所示。按 Ctrl+V 组合键，粘贴关键帧。效果如图 3-288 所示。

图 3-287

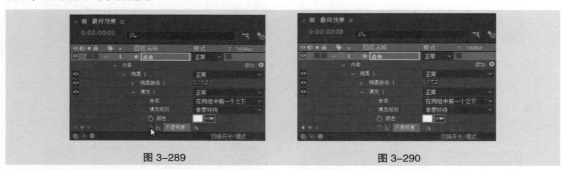

图 3-288

（7）将时间标签放置在 0:00:00:05 的位置，展开"填充 1"选项组，设置"不透明度"选项为"0%"，单击"不透明度"选项左侧的"关键帧自动记录器"按钮，如图 3-289 所示，记录第 1 个关键帧。将时间标签放置在 0:00:00:08 的位置，设置"不透明度"选项为"70%"，如图 3-290 所示，记录第 2 个关键帧。

图 3-289   图 3-290

（8）将时间标签放置在 0:00:00:13 的位置，单击"不透明度"选项左侧的"在当前时间添加或移除关键帧"按钮，如图 3-291 所示，记录第 3 个关键帧。将时间标签放置在 0:00:00:20 的位置，设置"不透明度"选项为"0%"，如图 3-292 所示，记录第 4 个关键帧。

图 3-291   图 3-292

（9）将时间标签放置在0：00：02：05的位置，单击"不透明度"选项，将该选项关键帧全部选中。按 Ctrl+C 组合键，复制关键帧，按 Ctrl+V 组合键，粘贴关键帧。效果如图 3-293 所示。

图 3-293

（10）将时间标签放置在0：00：00：13的位置，选中"点击"图层，选择"图层 > 蒙版 > 新建蒙版"命令，在"时间轴"窗口中会自动添加一个"蒙版"选项组，如图 3-294 所示。"合成"窗口中的效果如图 3-295 所示。

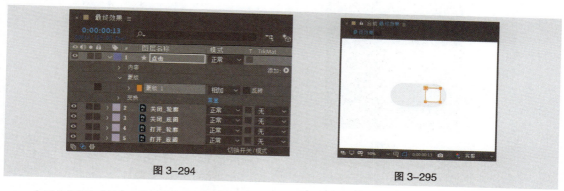

图 3-294   图 3-295

（11）展开"蒙版 1"选项组，单击"蒙版路径"选项右侧的"形状"选项，弹出"蒙版形状"对话框，单击"重置为："右侧的下拉按钮，在弹出的下拉列表中选择"椭圆"，其他选项的设置如图 3-296 所示。单击"确定"按钮。"合成"窗口中的效果如图 3-297 所示。

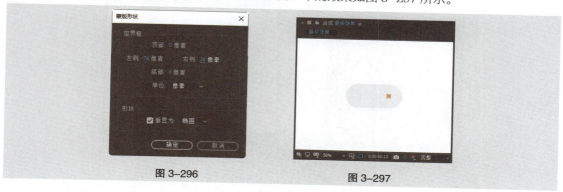

图 3-296   图 3-297

（12）单击"蒙版路径"选项左侧的"关键帧自动记录器"按钮，如图 3-298 所示，记录第 1 个关键帧。单击"蒙版 1"选项组右侧的下拉按钮，在弹出的下拉列表中选择"相减"，如图 3-299 所示。

图 3-298   图 3-299

（13）将时间标签放置在 0:00:00:20 的位置，单击"蒙版路径"选项右侧的"形状"选项，弹出"蒙版形状"对话框。选项的设置如图 3-300 所示。单击"确定"按钮，记录第 2 个关键帧。"合成"窗口中的效果如图 3-301 所示。

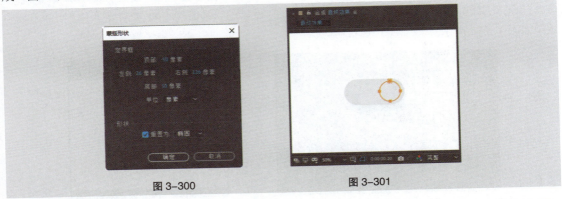

图 3-300   图 3-301

（14）将时间标签放置在 0:00:02:05 的位置，单击"蒙版路径"选项右侧的"形状"选项，弹出"蒙版形状"对话框。选项的设置如图 3-302 所示。单击"确定"按钮，记录第 3 个关键帧。"合成"窗口中的效果如图 3-303 所示。

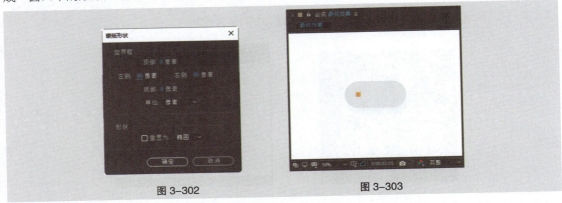

图 3-302   图 3-303

（15）选中第 3 个关键帧，按 Ctrl+C 组合键，复制关键帧。将时间标签放置在 0:00:02:13 的位置，按 Ctrl+V 组合键，粘贴关键帧，如图 3-304 所示。

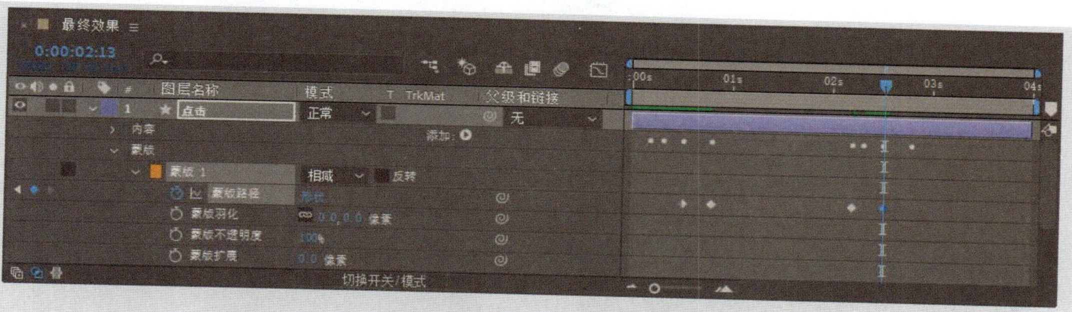

图 3-304

（16）将时间标签放置在 0:00:02:20 的位置，单击“蒙版路径”选项右侧的“形状”选项，弹出“蒙版形状”对话框。选项的设置如图 3-305 所示。单击“确定”按钮，记录第 5 个关键帧。“合成”窗口中的效果如图 3-306 所示。

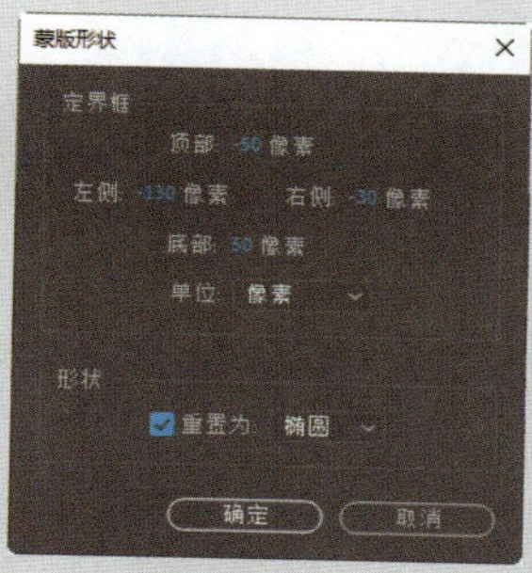

图 3-305

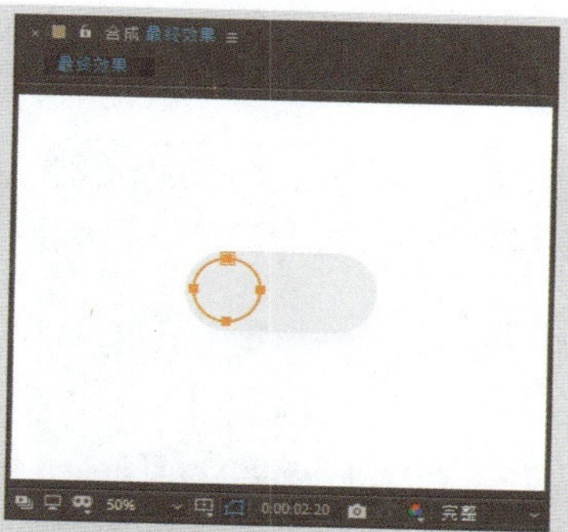

图 3-306

2. 制作按钮动画

（1）在“合成”窗口的空白区域单击，取消所有对象的选取。选择“圆角矩形工具”，在工具栏中设置“填充颜色”为白色，设置“描边宽度”为 0 像素，按住 Shift 键的同时，在“合成”窗口中绘制一个圆角矩形。效果如图 3-307 所示。在“时间轴”窗口中自动生成一个“形状图层 1”图层，将图层命名为“按钮”，如图 3-308 所示。

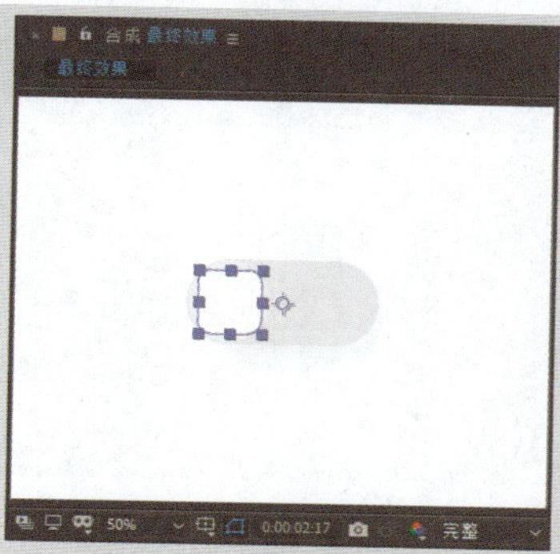

图 3-307

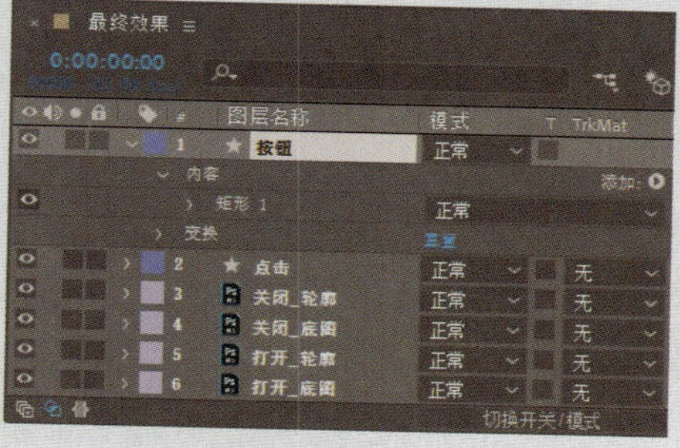

图 3-308

（2）展开“按钮”图层“内容 > 矩形 1”选项组，选中“描边 1”选项组，按 Delete 键，将其删除。结果如图 3-309 所示。展开“矩形路径 1”选项组，设置“大小”选项为“96.0，96.0”，设置“圆度”

选项为"48.0",如图 3-310 所示。

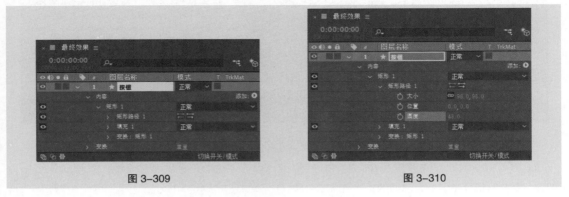

图 3-309 图 3-310

（3）将时间标签放置在 0:00:00:10 的位置，单击"大小"选项左侧的"关键帧自动记录器"按钮 <img>，如图 3-311 所示，记录第 1 个关键帧。将时间标签放置在 0:00:00:20 的位置，设置"大小"选项为"32.0，91.0"，如图 3-312 所示，记录第 2 个关键帧。

图 3-311 图 3-312

（4）将时间标签放置在 0:00:02:10 的位置，单击"大小"选项左侧的"在当前时间添加或移除关键帧"按钮 <img>，如图 3-313 所示，记录第 3 个关键帧。将时间标签放置在 0:00:02:20 的位置，设置"大小"选项为"96.0，96.0"，如图 3-314 所示，记录第 4 个关键帧。

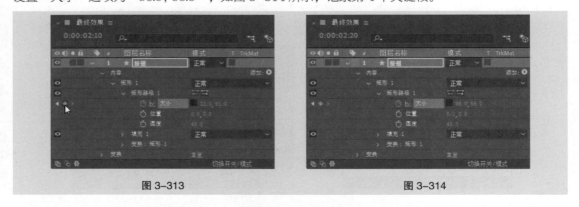

图 3-313 图 3-314

（5）按住 Alt 键的同时，单击"大小"选项左侧的"关键帧自动记录器"按钮 <img>，激活表达式属性，如图 3-315 所示。在表达式文本框中输入图 3-316 所示的代码。

图 3-315

图 3-316

（6）将时间标签放置在 0:00:00:10 的位置，单击"位置"选项左侧的"关键帧自动记录器"按钮 ，如图 3-317 所示，记录第 1 个关键帧。将时间标签放置在 0:00:00:20 的位置，设置"位置"选项为"155.0，0.0"，如图 3-318 所示，记录第 2 个关键帧。

图 3-317　　　　　　　　　　　　　　图 3-318

（7）将时间标签放置在 0:00:02:10 的位置，单击"位置"选项左侧的"在当前时间添加或移除关键帧"按钮，如图 3-319 所示，记录第 3 个关键帧。将时间标签放置在 0:00:02:20 的位置，设置"位置"选项为"0.0，0.0"，如图 3-320 所示，记录第 4 个关键帧。

图 3-319   图 3-320

（8）将时间标签放置在 0:00:00:10 的位置，选中"按钮"图层，选择"图层 > 蒙版 > 新建蒙版"命令，在"时间轴"窗口中会自动添加一个"蒙版"选项组，如图 3-321 所示。"合成"窗口中的效果如图 3-322 所示。

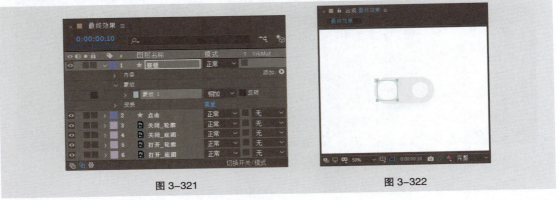

图 3-321   图 3-322

（9）展开"蒙版 1"选项组，单击"蒙版路径"选项右侧的"形状"选项，弹出"蒙版形状"对话框。选项的设置如图 3-323 所示。单击"确定"按钮。单击"蒙版 1"选项组右侧的下拉按钮，在弹出的下拉列表中选择"相减"，如图 3-324 所示。

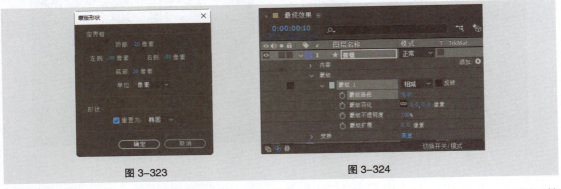

图 3-323   图 3-324

（10）单击"蒙版路径"选项左侧的"关键帧自动记录器"按钮，如图 3-325 所示，记录第 1 个关键帧。"合成"窗口中的效果如图 3-326 所示。

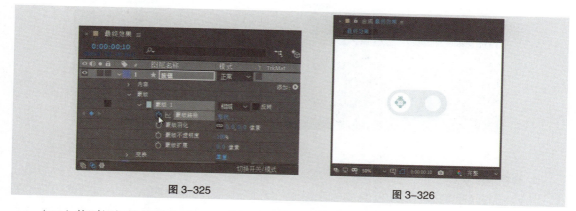

图 3-325   图 3-326

（11）将时间标签放置在 0:00:00:20 的位置，单击"蒙版路径"选项右侧的"形状"选项，弹出"蒙版形状"对话框。选项的设置如图 3-327 所示。单击"确定"按钮，记录第 2 个关键帧。"合成"窗口中的效果如图 3-328 所示。

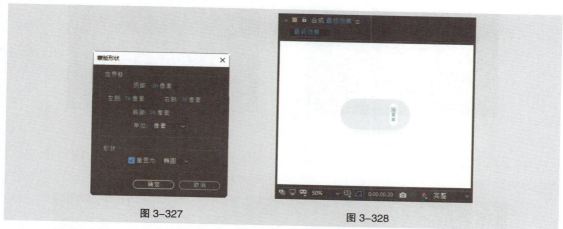

图 3-327   图 3-328

（12）选中第 2 个关键帧，按 Ctrl+C 组合键，复制关键帧。将时间标签放置在 0:00:02:10 的位置，按 Ctrl+V 组合键，粘贴关键帧，如图 3-329 所示。选中第 1 个关键帧，按 Ctrl+C 组合键，复制关键帧。将时间标签放置在 0:00:02:20 的位置，按 Ctrl+V 组合键，粘贴关键帧，如图 3-330 所示。

图 3-329

图 3-330

3. 制作最终效果

（1）将时间标签放置在 0:00:00:07 的位置，选中"关闭_轮廓"图层，按 S 键，展开"缩放"选项，单击"缩放"选项左侧的"关键帧自动记录器"按钮，如图 3-331 所示，记录第 1 个关键帧。将时间标签放置在 0:00:00:12 的位置，设置"缩放"选项为"96.0，96.0%"，如图 3-332 所示，记录第 2 个关键帧。

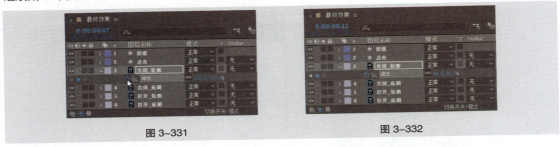

图 3-331   图 3-332

（2）选中第 1 个关键帧，按 Ctrl+C 组合键，复制关键帧。将时间标签放置在 0:00:00:17 的位置，按 Ctrl+V 组合键，粘贴关键帧，如图 3-333 所示。

图 3-333

（3）单击"缩放"选项，将该选项关键帧全部选中，如图 3-334 所示。按 Ctrl+C 组合键，将其复制。将时间标签放置在 0:00:02:07 的位置，按 Ctrl+V 组合键，粘贴关键帧，效果如图 3-335 所示。

图 3-334

图 3-335

（4）单击"缩放"选项，将该选项关键帧全部选中，如图 3-336 所示。按 Ctrl+C 组合键，将其复制。将时间标签放置在 0:00:00:07 的位置，选中"打开_轮廓"图层，按 S 键，展开"缩放"选项，按 Ctrl+V 组合键，粘贴关键帧。效果如图 3-337 所示。

图 3-336

图 3-337

（5）将时间标签放置在 0:00:00:10 的位置，选中"关闭_轮廓"图层，按 T 键，展开"不透明度"选项，单击"不透明度"选项左侧的"关键帧自动记录器"按钮，如图 3-338 所示，记录第 1 个关键帧。将时间标签放置在 0:00:00:20 的位置，设置"不透明度"选项为"0%"，如图 3-339 所示，记录第 2 个关键帧。

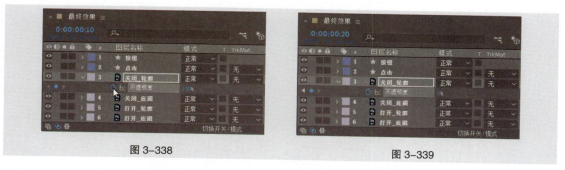

图 3-338　　　　　　　　　　　　　　　　　图 3-339

（6）将时间标签放置在 0:00:02:10 的位置，单击"不透明度"选项左侧的"在当前时间添加或移除关键帧"按钮，如图 3-340 所示，记录第 3 个关键帧。将时间标签放置在 0:00:02:20 的位置，设置"不透明度"选项为"100%"，如图 3-341 所示，记录第 4 个关键帧。

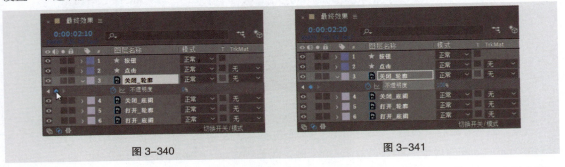

图 3-340　　　　　　　　　　　　　图 3-341

（7）单击"不透明度"选项，将该选项关键帧全部选中，如图 3-342 所示。按 Ctrl+C 组合键，将其复制。将时间标签放置在 0:00:00:10 的位置，选中"关闭_底图"图层，按 T 键，展开"不透明度"选项，按 Ctrl+V 组合键，粘贴关键帧。效果如图 3-343 所示。IT 互联网开关控件动效制作完成。

图 3-342

图 3-343

三、文件保存

选择"文件 > 保存"命令，弹出"另存为"对话框，在对话框中选择文件要保存的位置，在"文件名"文本框中输入"工程文件"，其他选项的设置如图 3-344 所示。单击"保存"按钮，将文件保存。

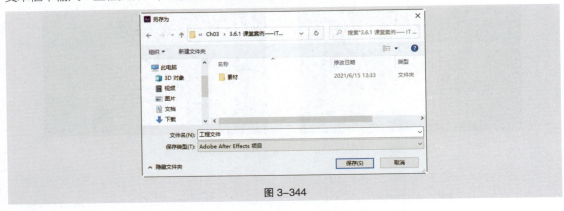

图 3-344

四、渲染导出

（1）选择"合成 > 添加到 Adobe Media Encoder 队列"命令，系统自动打开 Adobe Media Encoder 软件并将文件添加到 Adobe Media Encoder 软件的"队列"窗口中，如图 3-345 所示。

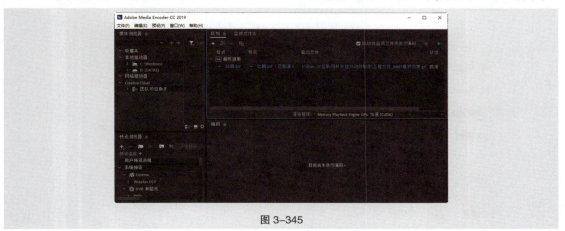

图 3-345

（2）单击"格式"选项组中的下拉按钮 ，在弹出的下拉列表中选择"动画 GIF"选项，其他选项的设置如图 3-346 所示。

图 3-346

（3）设置完成后单击"队列"窗口中的"启动队列"按钮 ，进行文件渲染，如图 3-347 所示。

图 3-347

（4）渲染完成后在输出文件位置可以看到 GIF 动画文件，如图 3-348 所示。

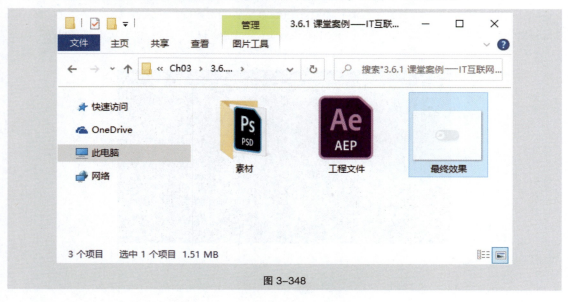

图 3-348

3.6.2　课堂练习——食品餐饮活动页动效制作

【案例学习目标】学习使用表达式制作循环动画效果。

【案例知识要点】利用“位置”选项制作位置动画，使用“表达式”命令制作循环动画效果。食品餐饮活动页动效制作效果如图 3-349 所示。

【效果所在位置】云盘 \Ch03\3.6.2　课堂练习——食品餐饮活动页动效制作 \ 工程文件 .aep。

慕课视频
食品餐饮活动页动效制作

最终效果
食品餐饮活动页动效制作

图 3-349

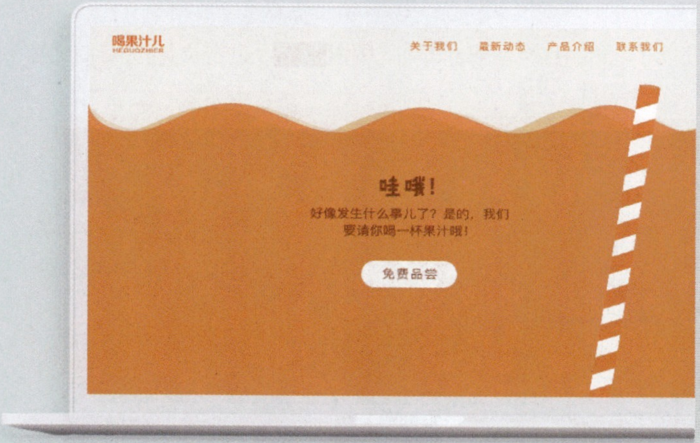

3.6.3　课后习题——旅游出行二维码动效制作

【案例学习目标】学习使用表达式制作抖动动画效果。

【案例知识要点】利用"位置"选项制作位置动画，使用"表达式"命令制作抖动动画效果。旅游出行二维码动效制作效果如图 3-350 所示。

【效果所在位置】云盘 \Ch03\3.6.3　课后习题旅游出行二维码动效制作 \ 工程文件 .aep。

图 3-350

3.7　三维效果动效

3.7.1　课堂案例——教育咨询闪屏页动效制作

【案例学习目标】学习使用"统一摄像机工具"制作动画效果。

【案例知识要点】使用"导入"命令导入素材，使用"3D 图层"选项制作动画效果，使用"统一摄像机工具"和摄像机图层制作空间效果。教育咨询闪屏页动效制作效果如图 3-351 所示。

【效果所在位置】云盘 \Ch03\3.7.1　课堂案例——教育咨询闪屏页动效制作 \ 工程文件 .aep。

图 3-351

1. 导入素材

（1）选择"文件 > 导入 > 文件"命令，在弹出的"导入文件"对话框中，选择云盘中的"Ch03\3.7.1 课堂案例——教育咨询闪屏页动效制作 \ 素材 \01.psd"文件，如图 3-352 所示。单击"导入"按钮，弹出"01.psd"对话框，如图 3-353 所示，单击"确定"按钮，将文件导入"项目"窗口中。

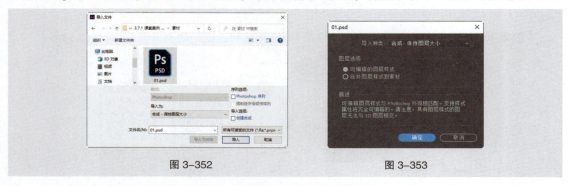

图 3-352   图 3-353

（2）在"项目"窗口中双击"01"合成，进入"01"合成的编辑窗口。选择"合成 > 合成设置"命令，弹出"合成设置"对话框，在"合成名称"文本框中输入"最终效果"，"持续时间"设为"0:00:00:20"，其他选项的设置如图 3-354 所示。单击"确定"按钮，完成选项的设置，如图 3-355 所示。

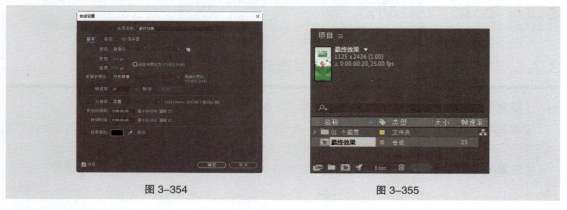

图 3-354   图 3-355

2. 动画制作

（1）按住 Shift 键的同时，选中"博士帽"至"云"之间的所有图层，如图 3-356 所示，单击图层后面的"3D 图层"按钮，将其转为三维图层，如图 3-357 所示。

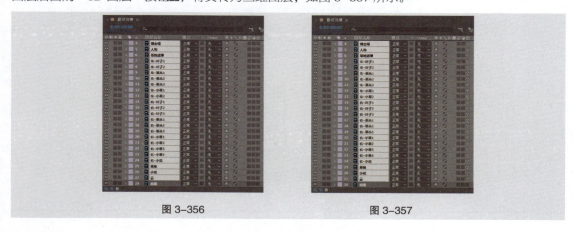

图 3-356   图 3-357

（2）选择"图层 > 新建 > 摄像机"命令，弹出"摄像机设置"对话框，将"类型"选项设为"双节点摄像机"，"预设"选项设为"50毫米"，并勾选"启用景深"复选框，其他选项的设置如图3-358所示。单击"确定"按钮，在当前合成中建立一个新的"摄像机1"图层，如图3-359所示。

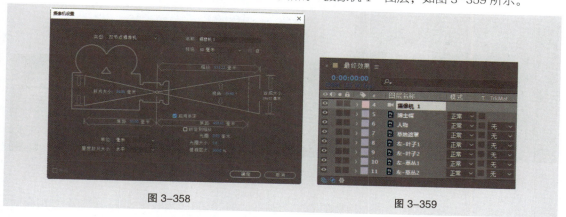

图 3-358　　　　　　　　　　　　　　　　图 3-359

（3）在"合成"窗口中单击"选择视图布局"选项，弹出下拉列表，选择"2个视图-水平"选项，如图3-360所示，弹出"顶部"视图，如图3-361所示。展开"摄像机1"图层"摄像机选项"选项组，将"光圈"选项设为"50.0像素"，其他选项的设置如图3-362所示。

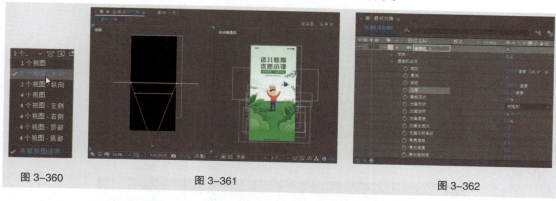

图 3-360　　　　　　　　　图 3-361　　　　　　　　　　　　图 3-362

（4）选中"摄像机1"图层，选择"统一摄像机工具" ，在"合成"窗口的"活动摄像机"视图中，按住Shift键的同时，单击并向左拖曳鼠标到适当的位置，如图3-363所示。将时间标签放置在0:00:00:00的位置，按P键，展开"位置"属性，设置"位置"选项为"665.0，1218.0，-1560.0"，单击"位置"选项左侧的"关键帧自动记录器"按钮 ，如图3-364所示，记录第1个关键帧。

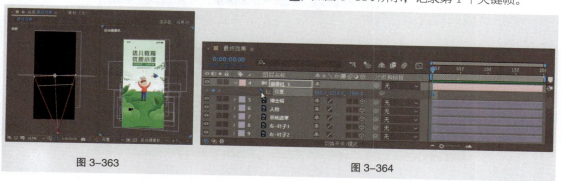

图 3-363　　　　　　　　　　　　　　图 3-364

（5）将时间标签放置在 0:00:00:10 的位置，在"合成"窗口的"活动摄像机"视图中，按住 Shift 键的同时，单击并向右拖曳鼠标到适当的位置，如图 3-365 所示。设置"位置"选项为"460.0，1218.0，-1560.0"，如图 3-366 所示，记录第 2 个关键帧。

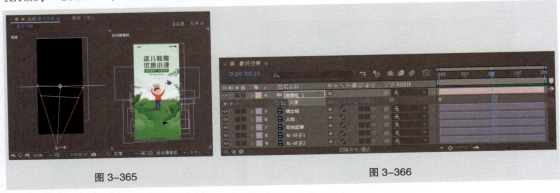

图 3-365   图 3-366

（6）将时间标签放置在 0:00:00:20 的位置，选中 0:00:00:00 位置的关键帧，按 Ctrl+C 组合键，复制关键帧，按 Ctrl+V 组合键，粘贴关键帧，如图 3-367 所示，记录第 3 个关键帧。将时间标签放置在 0:00:00:05 的位置，设置"位置"选项为"562.5，1218.0，-1562.5"，如图 3-368 所示，记录第 4 个关键帧。将时间标签放置在 0:00:00:15 的位置，选中 0:00:00:05 位置的关键帧，按 Ctrl+C 组合键，复制关键帧，按 Ctrl+V 组合键，粘贴关键帧，如图 3-369 所示，记录第 5 个关键帧。

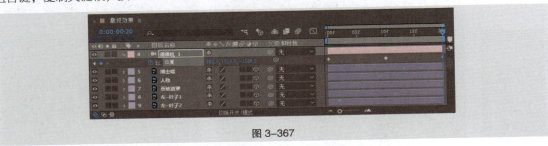

图 3-367

图 3-368

图 3-369

（7）选中"博士帽"图层，按 P 键，展开"位置"属性，设置"位置"选项为"820.0，1020.0，-264.0"，按住 Shift 键的同时，按 S 键，展开"缩放"属性，设置"缩放"选项为"85.0，85.0%，85.0%"。

（8）选中"草地遮罩"图层，按 P 键，展开"位置"属性，设置"位置"选项为"562.5，1930.0，-484.0"，按住 Shift 键的同时，按 S 键，展开"缩放"属性，设置"缩放"选项为"80.0，80.0，80.0%"。

（9）选中"左-叶子1"图层，按 P 键，展开"位置"属性，设置"位置"选项为"146.0，1110.0，-260.0"，按住 Shift 键的同时，按 S 键，展开"缩放"属性，设置"缩放"选项为"83.0，83.0，83.0%"。

（10）选中"左-叶子2"图层，按 P 键，展开"位置"属性，设置"位置"选项为"165.0，1306.0，-348.0"，按住 Shift 键的同时，按 S 键，展开"缩放"属性，设置"缩放"选项为"80.0，80.0，80.0%"。

（11）选中"左-草丛1"图层，按 P 键，展开"位置"属性，设置"位置"选项为"232.0，1815.0，-484.0"，按住 Shift 键的同时，按 S 键，展开"缩放"属性，设置"缩放"选项为"70.0，70.0，70.0%"，如图 3-370 所示。

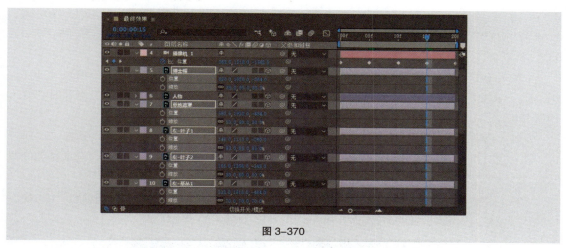

图 3-370

（12）选中"左-草丛2"图层，按 P 键，展开"位置"属性，设置"位置"选项为"232.0，1796.0，-264.0"，按住 Shift 键的同时，按 S 键，展开"缩放"属性，设置"缩放"选项为"83.0，83.0，83.0%"。

（13）选中"左-草丛3"图层，按 P 键，展开"位置"属性，设置"位置"选项为"226.0，1806.0，-4.0"。

（14）选中"左-小草1"图层，按 P 键，展开"位置"属性，设置"位置"选项为"-94.0，1696.0，816.0"，按住 Shift 键的同时，按 S 键，展开"缩放"属性，设置"缩放"选项为"152.0，152.0，152.0%"。

（15）选中"左-小草2"图层，按 P 键，展开"位置"属性，设置"位置"选项为"-87.5，1516.0，398.0"，按住 Shift 键的同时，按 S 键，展开"缩放"属性，设置"缩放"选项为"126.0，126.0，126.0%"。

（16）选中"右-叶子1"图层，按 P 键，展开"位置"属性，设置"位置"选项为"912.5，

834.0，−340.0"，按住 Shift 键的同时，按 S 键，展开"缩放"属性，设置"缩放"选项为"77.0，77.0，77.0%"，如图 3–371 所示。

图 3–371

（17）选中"右 – 叶子 2"图层，按 P 键，展开"位置"属性，设置"位置"选项为"1246.0，638.0，388.0"，按住 Shift 键的同时，按 S 键，展开"缩放"属性，设置"缩放"选项为"126.0，126.0，126.0%"。

（18）选中"右 – 叶子 3"图层，按 P 键，展开"位置"属性，设置"位置"选项为"1074.0，1168.0，−84.0"，按住 Shift 键的同时，按 S 键，展开"缩放"属性，设置"缩放"选项为"95.0，95.0，95.0%"。

（19）选中"右 – 草丛 1"图层，按 P 键，展开"位置"属性，设置"位置"选项为"946.5，1862.0，−484.0"，按住 Shift 键的同时，按 S 键，展开"缩放"属性，设置"缩放"选项为"70.0，70.0，70.0%"。

（20）选中"右 – 草丛 2"图层，按 P 键，展开"位置"属性，设置"位置"选项为"974.0，1830.0，−264.0"，按住 Shift 键的同时，按 S 键，展开"缩放"属性，设置"缩放"选项为"83.0，83.0，83.0%"。

（21）选中"右 – 草丛 3"图层，按 P 键，展开"位置"属性，设置"位置"选项为"1023.0，1888.0，−2.0"，如图 3–372 所示。

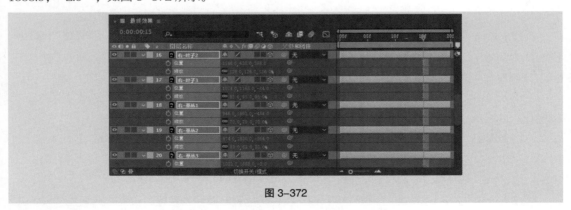

图 3–372

（22）选中"右 – 小草 1"图层，按 P 键，展开"位置"属性，设置"位置"选项为"1128.0，1770.0，304.0"，按住 Shift 键的同时，按 S 键，展开"缩放"属性，设置"缩放"选项为"120.0，120.0，120.0%"。

（23）选中"右－小草2"图层，按P键，展开"位置"属性，设置"位置"选项为"1292.0，1644.0，466.0"，按住 Shift 键的同时，按 S 键，展开"缩放"属性，设置"缩放"选项为"130.0，130.0，130.0%"。

（24）选中"右－小草3"图层，按P键，展开"位置"属性，设置"位置"选项为"1112.0，1827.0，552.0"，按住 Shift 键的同时，按 S 键，展开"缩放"属性，设置"缩放"选项为"135.0，135.0，135.0%"。

（25）选中"右－小草4"图层，按P键，展开"位置"属性，设置"位置"选项为"972.0，1991.0，642.0"，按住 Shift 键的同时，按 S 键，展开"缩放"属性，设置"缩放"选项为"140.0，140.0，140.0%"。

（26）选中"右－小花"图层，按P键，展开"位置"属性，设置"位置"选项为"1567.0，1438.0，640.0"，按住 Shift 键的同时，按 S 键，展开"缩放"属性，设置"缩放"选项为"142.0，142.0，142.0%"，如图 3-373 所示。

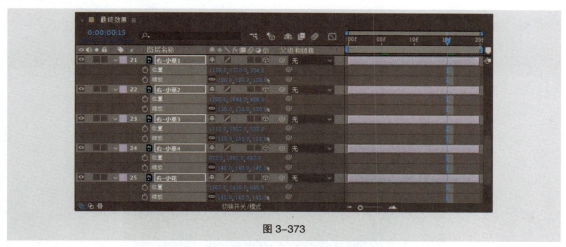

图 3-373

（27）选中"小花"图层，按P键，展开"位置"属性，设置"位置"选项为"1151.0，1503.0，800.0"，按住 Shift 键的同时，按 S 键，展开"缩放"属性，设置"缩放"选项为"150.0，150.0，150.0%"。选中"云"图层，按P键，展开"位置"属性，设置"位置"选项为"665.0，855.0，980.0"，按住 Shift 键的同时，按 S 键，展开"缩放"属性，设置"缩放"选项为"162.0，162.0，162.0%"，如图 3-374 所示。"合成"窗口中的效果如图 3-375 所示。教育咨询闪屏页动效制作完成。

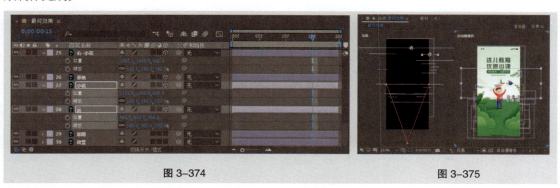

图 3-374   图 3-375

3. 文件保存

选择"文件 > 保存"命令,弹出"另存为"对话框,在对话框中选择要保存文件的位置,在"文件名"文本框中输入"工程文件",其他选项的设置如图 3-376 所示,单击"保存"按钮,将文件保存。

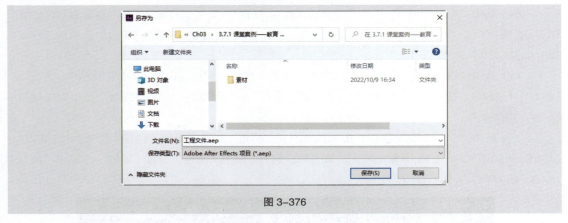

图 3-376

4. 渲染导出

(1)选择"合成 > 添加到 Adobe Media Encoder 队列"命令,系统自动打开 Adobe Media Encoder 软件并添加到 Adobe Media Encoder 软件的"队列"窗口中,如图 3-377 所示。

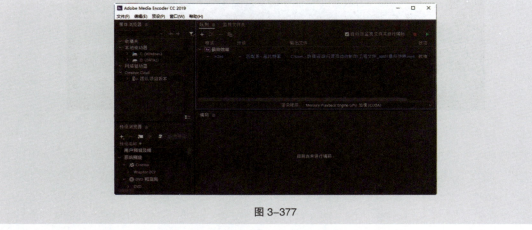

图 3-377

(2)单击"格式"选项组中的下拉按钮■,在弹出的下拉列表中选择"动画 GIF"选项,其他选项的设置如图 3-378 所示。

图 3-378

（3）设置完成后单击"队列"窗口中的"启动队列"按钮 ■▶ ，进行文件渲染，如图 3-379
所示。

图 3-379

（4）渲染完成后在输出文件位置可以看到 GIF 动画文件，如图 3-380 所示。

图 3-380

3.7.2　课堂练习——食品餐饮图标动效制作

【案例学习目标】学习使用摄像机图层制作动画效果。

【案例知识要点】使用"导入"命令导入素材，使用"3D 图层"选项制作动画效果，使用"父
集和链接"选项制作动画效果，使用空图层和摄像机图层制作空间效果。食品餐饮图标动效制作效
果如图 3-381 所示。

【效果所在位置】云盘 \Ch03\3.7.2　课堂练习——食品餐饮图标动效制作 \ 工程文件 .aep。

慕课视频

食品餐饮图标
动效制作

最终效果

食品餐饮图标
动效制作

图 3-381

3.7.3 课后习题——文化传媒 Loading 动效制作

【案例学习目标】学习使用"CC Sphere"效果和"修剪路径"选项制作动画效果。

【案例知识要点】使用"CC Sphere"效果制作地球动画，使用"椭圆工具"和"钢笔工具"绘制图形，使用"修剪路径"选项制作动画效果，使用"横排文字工具"输入文字，使用"淡化上升字符"动画预设制作文字动画效果。

【效果所在位置】云盘 \Ch03\3.7.3 课后习题——文化传媒 Loading 动效制作 \ 工程文件 . aep。

3.8 人物绑定动效

3.8.1 课堂案例——电子数码缺省页动效制作

【案例学习目标】学习使用"Duik Bassel.2"插件制作步行动画效果。

【案例知识要点】使用"Duik Bassel.2"插件添加并绑定骨骼制作步行动画，使用"父集和链接"选项制作动画效果，使用椭圆工具创建蒙版动画。电子数码缺省页动效制作效果如图 3-382 所示。

【效果所在位置】云盘 \Ch03\3.8.1 课堂案例——电子数码缺省页动效制作 \ 工程文件 . aep。

图 3-382

一、导入素材

选择"文件 > 导入 > 文件"命令，在弹出的"导入文件"对话框中，选择云盘中的"Ch03\
3.8.1　课堂案例——电子数码缺省页动效制作 \ 素材 \01.ai、02.jpg"文件，如图 3-383 所示。单击"导
入"按钮，将文件导入"项目"窗口中，如图 3-384 所示。

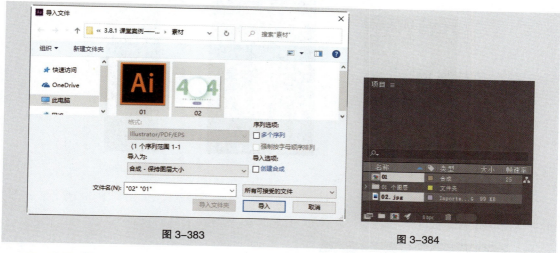

图 3-383　　　　　　　　　　　　　　　　　　　图 3-384

二、动画制作

提示　　在网上下载"Duik Bassel.2"插件，按照提示安装插件。安装之后启动 After
Effects 软件，在"窗口"菜单中可以找到该插件。

1. 制作步行动画

（1）在"项目"窗口中双击"01"合成，进入"01"合成的编辑窗口。选择"合成 > 合成设置"
命令，弹出"合成设置"对话框，在"合成名称"文本框中输入"步行动画"，设置"背景颜色"为白色，
"持续时间"设为"0:00:01:20"，其他选项的设置如图 3-385 所示。单击"确定"按钮，完成选
项的设置，如图 3-386 所示。

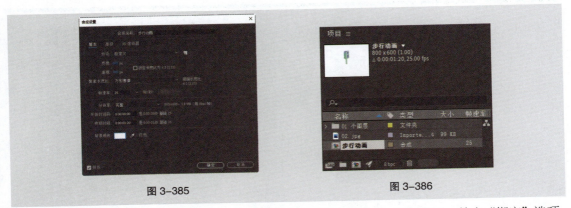

图 3-385   图 3-386

（2）选择"窗口 > Duik Bassel.2"命令，打开"Duik Bassel.2"窗口，单击"绑定"选项，如图 3-387 所示。单击"腿"选项右侧的"腿部选项"按钮 ◉，如图 3-388 所示。选项的设置如图 3-389 所示。

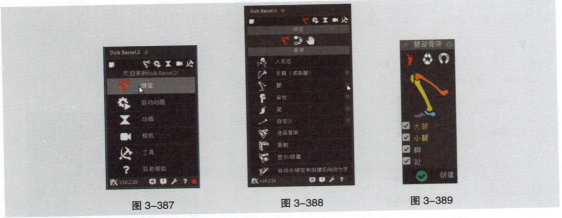

图 3-387   图 3-388   图 3-389

（3）单击"创建"按钮，在当前"合成"窗口中建立一个新的腿部骨骼，如图 3-390 所示。在"时间轴"窗口中自动生成 6 个名称以"S"开头的骨骼图层，如图 3-391 所示。

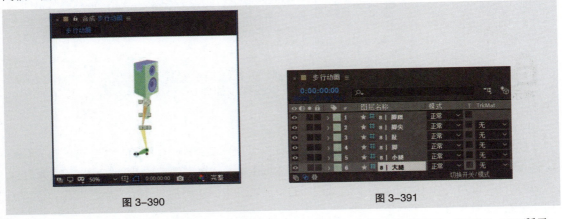

图 3-390   图 3-391

（4）分别单击"身体"图层和"右腿"图层前面的眼睛图标 ◉，隐藏图层，如图 3-392 所示。"合成"窗口中的效果如图 3-393 所示。

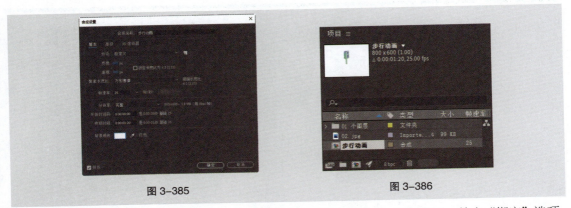 UI 动效设计与制作（全彩慕课版）

124

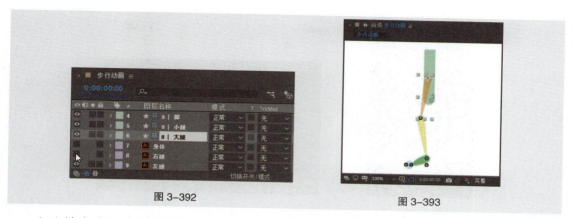

图 3-392   图 3-393

（5）选中"S｜大腿"图层，在"效果控件"窗口中进行参数设置，如图 3-394 所示。用相同的方法分别为其余 5 个名称以"S"开头的图层，在"效果控件"窗口中设置参数，"合成"窗口中的效果如图 3-395 所示。

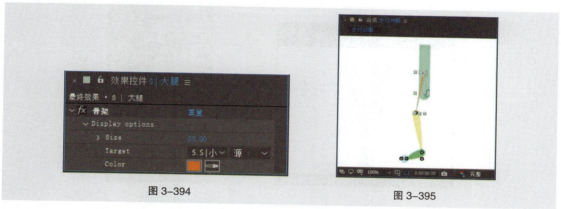

图 3-394   图 3-395

（6）在"合成"窗口中分别拖曳骨骼的每个关节点到与左腿对应的位置，如图 3-396 所示。在"时间轴"窗口中，按住 Shift 键的同时，选中以"S"开头的所有图层，调整图层顺序。图层排列如图 3-397 所示。

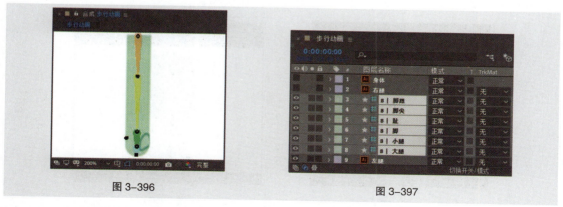

图 3-396   图 3-397

（7）保持图层选中状态，在"Duik Bassel.2"窗口中，单击"复制"选项，如图 3-398 所示。在"时间轴"窗口中自动生成 6 个复制图层。调整图层顺序如图 3-399 所示。

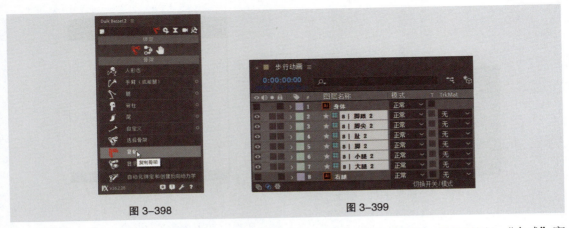

图 3-398   图 3-399

（8）分别单击"身体"图层和"右腿"图层前面的第 1 个空白图标 ■，显示图层。"合成"窗口中的效果如图 3-400 所示。在"Duik Bassel.2"窗口中，单击"脊柱"选项，如图 3-401 所示。

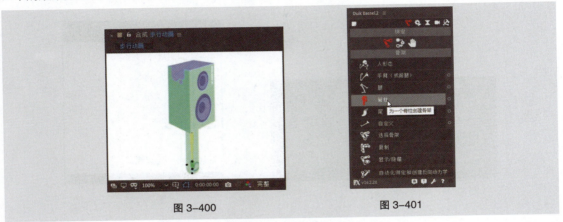

图 3-400   图 3-401

（9）在当前"合成"窗口中建立一个新的脊柱骨骼，如图 3-402 所示。用相同的方法在"效果控件"窗口中进行参数设置，并在"合成"窗口中，分别拖曳骨骼的每个关节点到与身体对应的位置，如图 3-403 所示。

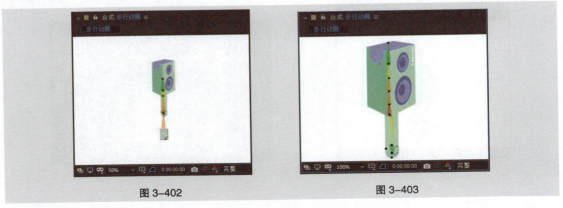

图 3-402   图 3-403

（10）分别单击"右腿"图层、"身体"图层和上方 6 个以"S"开头的骨骼图层前面的眼睛图标 ◉，隐藏图层，如图 3-404 所示。选中"左腿"图层，选择"人偶位置控点工具" ✦，在"合成"

窗口中分别为"大腿""小腿""脚""趾""脚尖"和"脚跟"添加操控点。效果如图3-405所示。

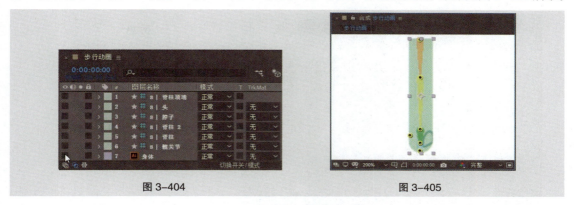

图3-404　　　　　　　　　　　　　　　　图3-405

（11）在"时间轴"窗口中展开"左腿"图层"操控>网格1>变形"选项组，按住Shift键的同时，选中"操控点6"至"操控点1"的所有选项组，如图3-406所示。在"Duik Bassel.2"窗口中，单击"链接和约束>添加骨骼"选项，如图3-407所示。

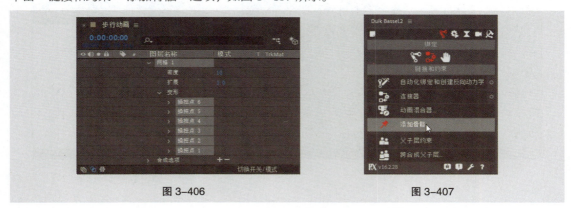

图3-406　　　　　　　　　　　　　　　　图3-407

（12）在"时间轴"窗口中自动生成6个名称以"B"开头的骨骼图层，如图3-408所示。将"B|左腿|操控点1"图层的"父集和链接"选项设置为"20.S|大腿"，将"B|左腿|操控点2"图层的"父集和链接"选项设置为"19.S|小腿"，将"B|左腿|操控点3"图层的"父集和链接"选项设置为"18.S|脚"，将"B|左腿|操控点4"图层的"父集和链接"选项设置为"17.S|趾"，将"B|左腿|操控点5"图层的"父集和链接"选项设置为"16.S|脚尖"，将"B|左腿|操控点6"图层的"父集和链接"选项设置为"15.S|脚跟"，如图3-409所示。

图3-408　　　　　　　　　　　　　　　　图3-409

（13）用相同的方法分别为"右腿"和"身体"添加操控点和骨骼并绑定，如图3-410所示。"合成"窗口中的效果如图 3-411 所示。

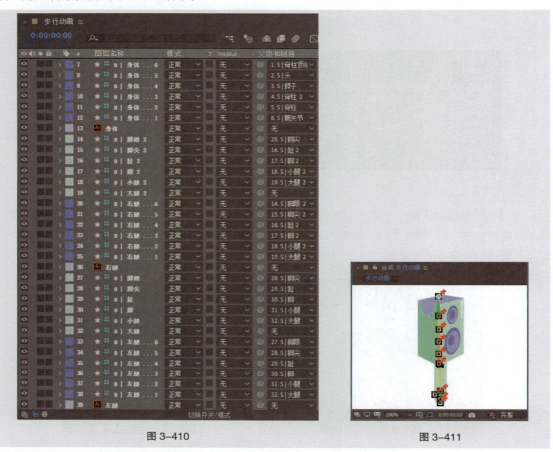

图 3-410   图 3-411

（14）在"Duik Bassel.2"窗口中，单击"骨架 > 选择骨架"选项，将所有骨架全部选中，如图 3-412 所示。单击"链接和约束 > 自动化绑定和创建反向动力学"选项，如图 3-413 所示。在"时间轴"窗口中自动生成 8 个名称以"C"开头的绑定操控图层，如图 3-414 所示。

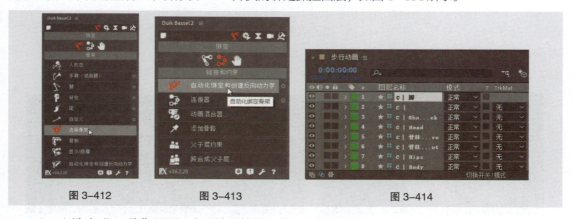

图 3-412   图 3-413   图 3-414

（15）选中"C | 脚"图层，在"效果控件"窗口中设置参数，如图 3-415 所示。展开"IK | 脚"选项组下的"Stretch"选项组，在"效果控件"窗口中设置参数，如图 3-416 所示。并用相同的方法为以"C"开头的图层设置参数。

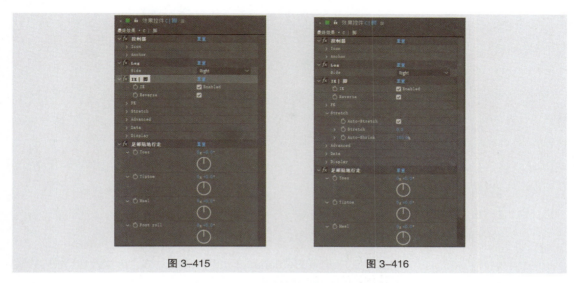

图 3-415   图 3-416

（16）在"时间轴"窗口中，按住 Shift 键的同时，选中以"C"开头的所有图层，如图 3-417 所示。在"Duik Bassel.2"窗口中，单击"自动动画 > 步行循环动画"选项，如图 3-418 所示。

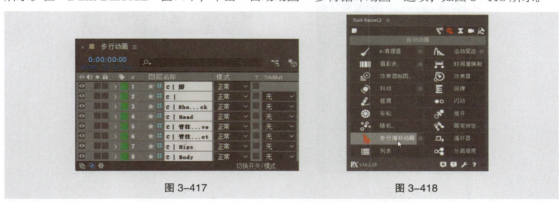

图 3-417   图 3-418

（17）在"时间轴"窗口中自动生成一个"C I 步行循环动画"图层，如图 3-419 所示。选中该图层，在"效果控件"窗口中设置参数，如图 3-420 所示。

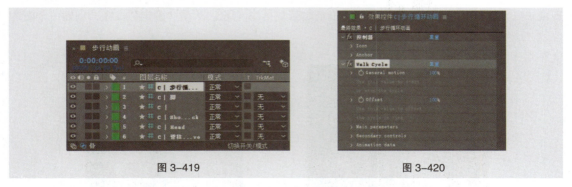

图 3-419   图 3-420

（18）展开"Main parameters"选项组下的"Character"和"Walk Cycle"选项组，在"效果控件"窗口中设置参数，如图 3-421 所示。展开"Secondary controls"选项组下的"Neck and head""Body"和"Arms"选项组，在"效果控件"窗口中设置参数，如图 3-422 所示。

图 3-421   图 3-422

（19）展开"Animation data"选项组下的"Parameters"选项组，在"效果控件"窗口中设置参数，如图 3-423 所示。"合成"窗口中的效果如图 3-424 所示。

图 3-423   图 3-424

2. 制作最终效果

（1）按 Ctrl+N 组合键，弹出"合成设置"对话框，在"合成名称"文本框中输入"最终效果"，设置"背景颜色"为黑色，其他选项的设置如图 3-425 所示。单击"确定"按钮，创建一个新的合成"最终效果"，如图 3-426 所示。

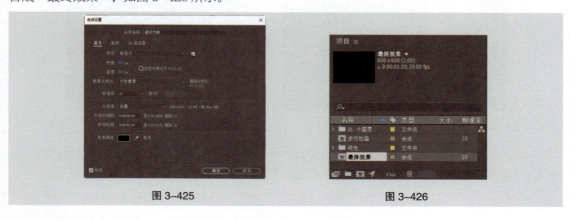

图 3-425   图 3-426

（2）选择"图层 > 新建 > 纯色"命令，弹出"纯色设置"对话框，在"名称"文本框中输入"背景"，将"颜色"设置为白色，其他选项的设置如图 3-427 所示。单击"确定"按钮，在当前合成中建立一个新的白色纯色图层，如图 3-428 所示。

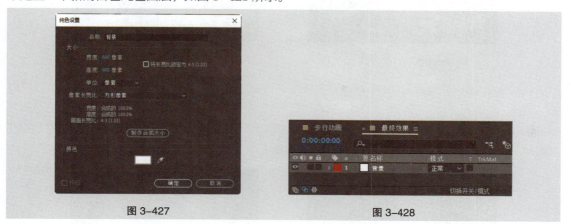

图 3-427   图 3-428

（3）在"项目"窗口中，选中"步行动画"合成，将其拖曳到"时间轴"窗口中，图层的排列如图 3-429 所示。按 Ctrl+D 组合键，复制合成，并将其命名为"步行动画 2"。再次按 Ctrl+D 组合键，复制合成生成"步行动画 3"合成，如图 3-430 所示。

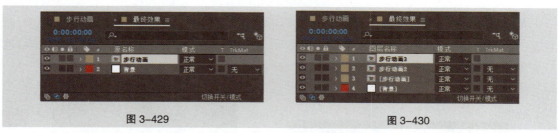

图 3-429   图 3-430

（4）将时间标签放置在 0:00:00:00 的位置，选中"步行动画 3"合成，按 P 键，展开"位置"选项，设置"位置"选项为"490.0，300.0"，单击"位置"选项左侧的"关键帧自动记录器"按钮，如图 3-431 所示，记录第 1 个关键帧。将时间标签放置在 0:00:01:20 的位置，设置"位置"选项为"660.0，300.0"，如图 3-432 所示，记录第 2 个关键帧。

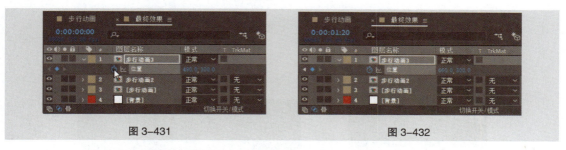

图 3-431   图 3-432

（5）将时间标签放置在 0:00:00:00 的位置，选中"步行动画 2"合成，按 P 键，展开"位置"选项，设置"位置"选项为"320.0，300.0"，单击"位置"选项左侧的"关键帧自动记录器"按钮，如图 3-433 所示，记录第 1 个关键帧。将时间标签放置在 0:00:01:20 的位置，设置"位置"选项为"490.0，300.0"，如图 3-434 所示，记录第 2 个关键帧。

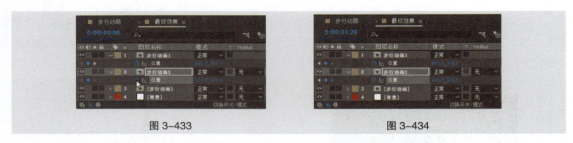

图 3-433   图 3-434

（6）将时间标签放置在 0:00:00:00 的位置，选中"［步行动画］"合成，按 P 键，展开"位置"选项，设置"位置"选项为"150.0，300.0"，单击"位置"选项左侧的"关键帧自动记录器"按钮 ⊙，如图 3-435 所示，记录第 1 个关键帧。将时间标签放置在 0:00:01:20 的位置，设置"位置"选项为"320.0，300.0"，如图 3-436 所示，记录第 2 个关键帧。

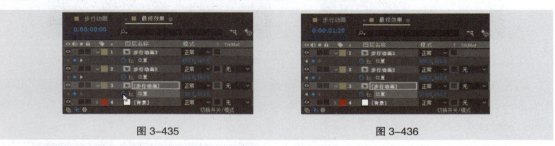

图 3-435   图 3-436

（7）在"时间轴"窗口中，按住 Shift 键的同时，将所有图层全部选中，如图 3-437 所示。在图层上单击鼠标右键，在弹出的快捷菜单中选择"预合成"命令。在弹出的"预合成"对话框中进行设置，如图 3-438 所示。单击"确定"按钮，创建合成。

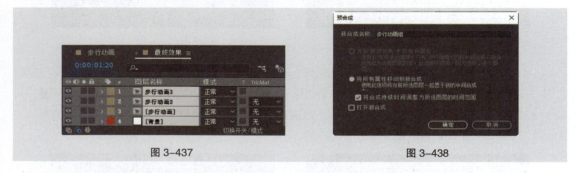

图 3-437   图 3-438

（8）在"项目"窗口中，选中"02.jpg"素材，如图 3-439 所示。将其拖曳到"时间轴"窗口中，并放置到底层，如图 3-440 所示。

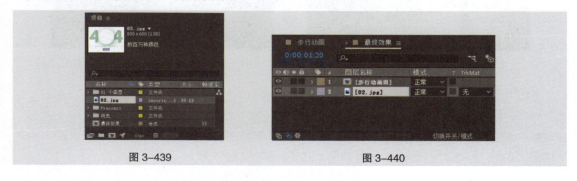

图 3-439   图 3-440

（9）选中"步行动画组"合成，选择"椭圆工具" ，按住 Shift 键的同时在"合成"窗口中绘制一个圆形。效果如图 3-441 所示。在"时间轴"窗口中会自动添加一个"蒙版 1"选项组，如图 3-442 所示。电子数码缺省页动效制作完成。

图 3-441 图 3-442

三、文件保存

选择"文件 > 保存"命令，弹出"另存为"对话框，在对话框中选择文件要保存的位置，在"文件名"文本框中输入"工程文件"，其他选项的设置如图 3-443 所示。单击"保存"按钮，将文件保存。

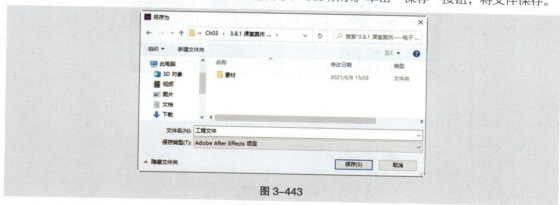

图 3-443

四、渲染导出

（1）选择"合成 > 添加到 Adobe Media Encoder 队列"命令，系统自动打开 Adobe Media Encoder 软件并将文件添加到 Adobe Media Encoder 软件的"队列"窗口中，如图 3-444 所示。

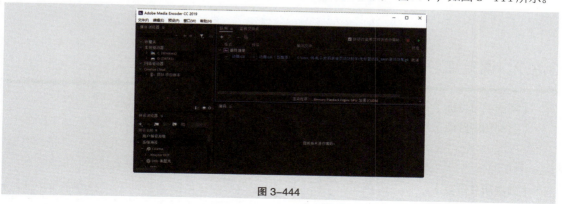

图 3-444

（2）单击"格式"选项组中的下拉按钮■，在弹出的下拉列表中选择"动画 GIF"选项，其他选项的设置如图 3-445 所示。

图 3-445

（3）设置完成后单击"队列"窗口中的"启动队列"按钮 ▶，进行文件渲染，如图 3-446 所示。

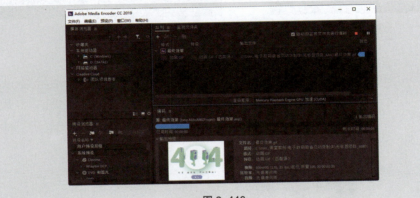

图 3-446

（4）渲染完成后在输出文件位置可以看到 GIF 动画文件，如图 3-447 所示。

图 3-447

3.8.2　课堂练习——旅游出行空状态动效制作

【案例学习目标】学习使用"Duik Bassel.2"插件制作步行动画效果。

【案例知识要点】使用"Duik Bassel.2"插件添加并绑定骨骼制作步行动画，使用"父集和链接"选项制作动画效果，使用"表达式"命令制作循环动画效果。旅游出行 MG 空状态动效制作效果如图 3-448 所示。

【效果所在位置】云盘 \Ch03\3.8.2　课堂练习——旅游出行空状态动效制作 \ 工程文件 .aep。

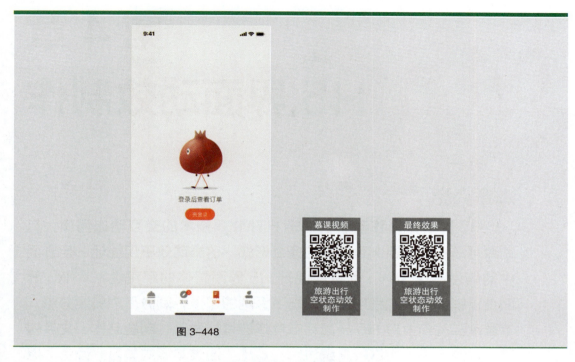

图 3-448

3.8.3　课后习题——文化传媒表情包动效制作

【案例学习目标】学习使用"Joysticks'n Sliders"脚本制作动画效果。

【案例知识要点】利用"位置"选项和"缩放"选项制作表情变化，使用"Joysticks'n Sliders"脚本中的"Sliders"制作吐舌表情动画效果。文化传媒表情包动效制作效果如图 3-449 所示。

【效果所在位置】云盘 \Ch03\3.8.3　课后习题——文化传媒表情包动效制作 \ 工程文件 .aep。

图 3-449

第 4 章

H5 界面动效制作

04

▶ **本章介绍**

H5 界面作为移动端上基于 HTML5 技术的交互动态网页，其动效可以生动还原 H5 界面的交互形式。这类动效不仅能让 H5 界面中的信息易于传达，而且能提升 H5 界面整体的观赏性，令 H5 界面在营销传播的过程中给用户留下深刻的印象，刺激用户转发分享。本章从实战角度对 H5 界面动效制作的素材导入、动画制作、文件保存，以及渲染导出进行系统讲解与演练。通过本章的学习，读者可以对 H5 界面动效有一个基本的认识，并快速掌握制作常用 H5 界面动效的方法。

学习目标

● 掌握 H5 界面动效的素材导入方法
● 掌握 H5 界面动效的动画制作方法
● 掌握 H5 界面动效的文件保存方法
● 掌握 H5 界面动效的渲染导出方法

慕课视频

H5 界面动效
制作

4.1　课堂案例——旅游出行 H5 界面动效制作

【案例学习目标】学习综合使用变换属性、关键帧、图表编辑器、形状蒙版、轨道遮罩、父集和链接、Motion 2 窗口、图层序列、合成嵌套和预合成。

【案例知识要点】使用椭圆工具绘制图形，使用"添加>位移路径"选项位移路径，使用"父集和链接"选项制作动画效果，使用"图表编辑器"按钮打开"动画曲线"调节动画的运动速度，使用"图层序列"命令控制图层的出场顺序，使用"入点"和"出点"控制画面的出场时间。旅游出行 H5 界面动效制作效果如图 4-1 所示。

【效果所在位置】云盘 \Ch04\4.1　课堂案例——旅游出行 H5 界面动效制作 \ 工程文件 .aep。

图 4-1

4.1.1　导入素材

选择"文件 > 导入 > 文件"命令，在弹出的"导入文件"对话框中，选择云盘中的"Ch04\4.1　课堂案例——旅游出行 H5 界面动效制作 \ 素材 \01.psd ～ 14.mp3"文件，如图 4-2 所示。单击"导入"按钮，将文件导入"项目"窗口中，如图 4-3 所示。

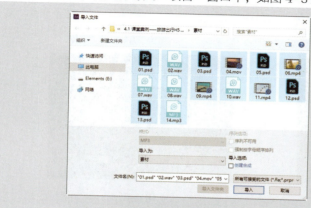

图 4-2

图 4-3

4.1.2　动画制作

1. 制作"触控点_点击"动画

（1）按 Ctrl+N 组合键，弹出"合成设置"对话框，在"合成名称"文本框中输入"触控点_点击"，设置"背景颜色"为白色，"持续时间"为"0:00:00:14"，其他选项的设置如图 4-4 所示。单击"确定"按钮，创建一个新的合成"触控点_点击"，如图 4-5 所示。

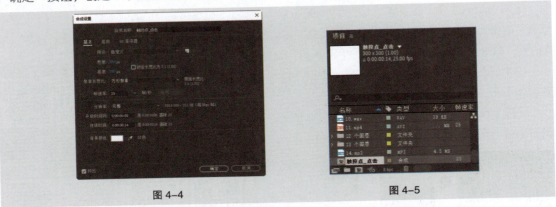

图 4-4　　　　　　　　　　　　　图 4-5

（2）选择"椭圆工具" ，在工具栏中设置"填充颜色"为白色，设置"描边颜色"为浅品蓝色（213、223、232），设置"描边宽度"为 10 像素，按住 Shift 键的同时在"合成"窗口中绘制一个圆形，如图 4-6 所示。在"时间轴"窗口中自动生成"形状图层 1"图层，将其命名为"触控点"，如图 4-7 所示。

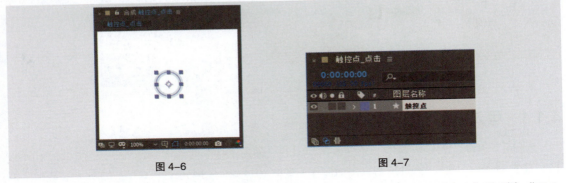

图 4-6　　　　　　　　　　　　　图 4-7

（3）展开"触控点"图层"内容 > 椭圆 1 > 椭圆路径 1"选项组，设置"大小"选项为"51.9，51.9"，如图 4-8 所示；展开"触控点"图层"内容 > 椭圆 1 > 填充 1"选项组，设置"不透明度"选项为"0%"，如图 4-9 所示。

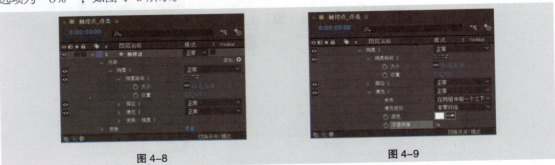

图 4-8　　　　　　　　　　　　　图 4-9

（4）选中"椭圆1"选项组，单击"添加"右侧的按钮 ，在弹出的下拉列表中选择"位移路径"，如图4-10所示。在"时间轴"窗口"椭圆1"选项组中会自动添加一个"位移路径1"选项组，展开"位移路径1"选项组，设置"数量"选项为"-5.0"，如图4-11所示。

图 4-10   图 4-11

（5）选中"椭圆1"选项组，按Ctrl+D组合键，复制选项组，生成"椭圆2"选项组。展开"椭圆2 > 椭圆路径1"选项组，设置"大小"选项为"71.9，71.9"，如图4-12所示。"合成"窗口中的效果如图4-13所示。

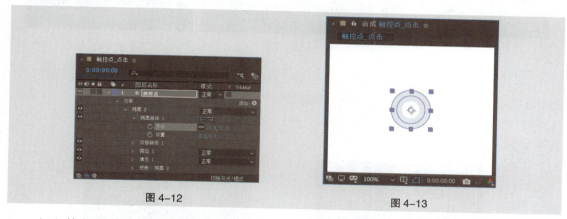

图 4-12   图 4-13

（6）单击"椭圆2 > 椭圆路径1"选项组"大小"选项左侧的"关键帧自动记录器"按钮，如图4-14所示，记录第1个关键帧。将时间标签放置在0:00:00:04的位置，设置"大小"选项为"51.9，51.9"，如图4-15所示，记录第2个关键帧。将时间标签放置在0:00:00:14的位置，设置"大小"选项为"71.9，71.9"，如图4-16所示，记录第3个关键帧。

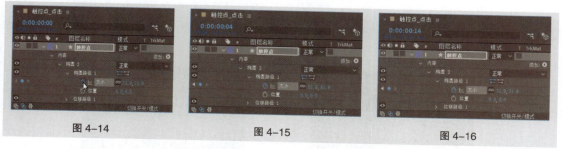

图 4-14   图 4-15   图 4-16

（7）单击"大小"选项，将该选项的关键帧全部选中，按F9键，将关键帧转为缓动关键帧，如图4-17所示。

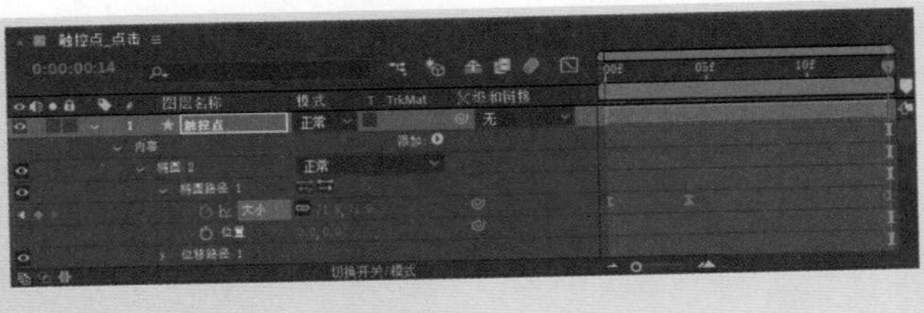

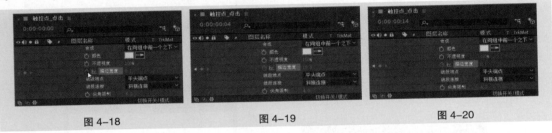

图 4-17

（8）将时间标签放置在 0:00:00:00 的位置，展开"椭圆 2 > 描边 1"选项组，设置"描边宽度"选项为"0.1"，单击"描边宽度"选项左侧的"关键帧自动记录器"按钮 ，如图 4-18 所示，记录第 1 个关键帧。将时间标签放置在 0:00:00:04 的位置，设置"描边宽度"选项为"10.0"，如图 4-19 所示，记录第 2 个关键帧。将时间标签放置在 0:00:00:14 的位置，设置"描边宽度"选项为"0.1"，如图 4-20 所示，记录第 3 个关键帧。

图 4-18　　　　　　　　　图 4-19　　　　　　　　　图 4-20

（9）将时间标签放置在 0:00:00:00 的位置，展开"椭圆 2 > 变换：椭圆 2"选项组，设置"不透明度"选项为"0%"，单击"不透明度"选项左侧的"关键帧自动记录器"按钮 ，如图 4-21 所示，记录第 1 个关键帧。将时间标签放置在 0:00:00:01 的位置，设置"不透明度"选项为"100%"，如图 4-22 所示，记录第 2 个关键帧。

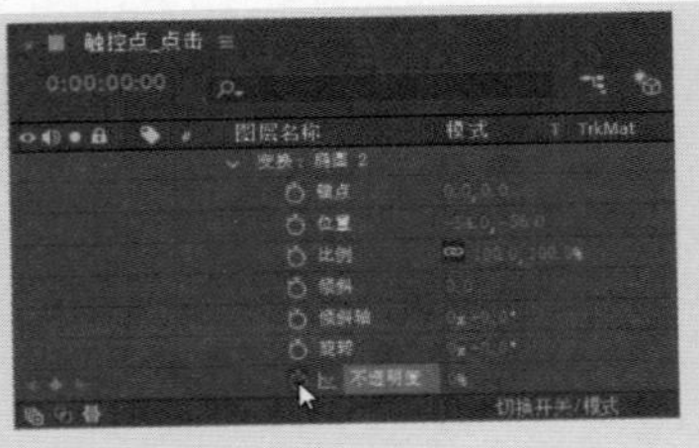

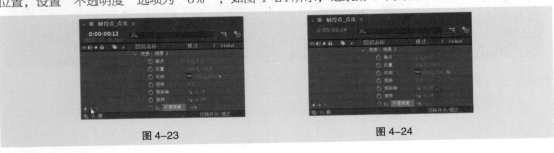

图 4-21 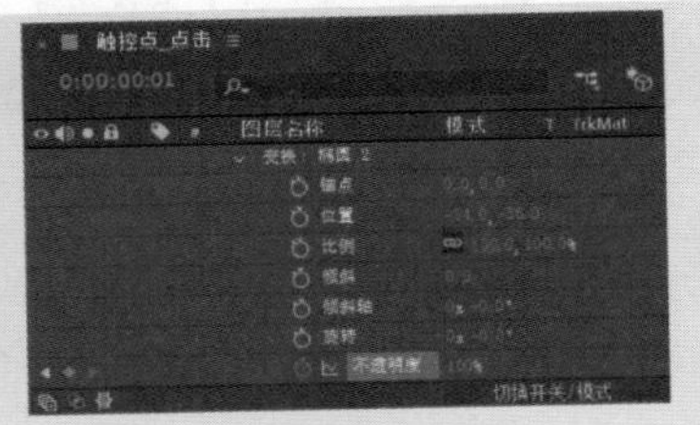　　　　　　　　　　　　　图 4-22

（10）将时间标签放置在 0:00:00:12 的位置，单击"不透明度"选项左侧的"在当前时间添加或移除关键帧"按钮 ，如图 4-23 所示，记录第 3 个关键帧。将时间标签放置在 0:00:00:14 的位置，设置"不透明度"选项为"0%"，如图 4-24 所示，记录第 4 个关键帧。

图 4-23　　　　　　　　　　　　　图 4-24

140

UI 动效设计与制作（全彩慕课版）

（11）单击"不透明度"选项，将该选项的关键帧全部选中，按 F9 键，将关键帧转为缓动关键帧，如图 4-25 所示。

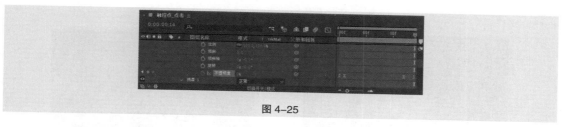

图 4-25

（12）将时间标签放置在 0:00:00:05 的位置，单击"椭圆 1 > 椭圆路径 1"选项组"大小"选项左侧的"关键帧自动记录器"按钮 ，如图 4-26 所示，记录第 1 个关键帧。将时间标签放置在 0:00:00:10 的位置，设置"大小"选项为"138.9，138.9"，如图 4-27 所示，记录第 2 个关键帧。

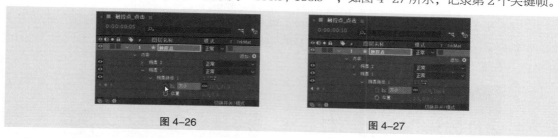

图 4-26   图 4-27

（13）单击"大小"选项，将该选项的关键帧全部选中，按 F9 键，将关键帧转为缓动关键帧。将时间标签放置在 0:00:00:05 的位置，单击"椭圆 1 > 描边 1"选项组"描边宽度"选项左侧的"关键帧自动记录器"按钮 ，如图 4-28 所示，记录第 1 个关键帧。将时间标签放置在 0:00:00:10 的位置，设置"描边宽度"选项为"0.1"，如图 4-29 所示，记录第 2 个关键帧。

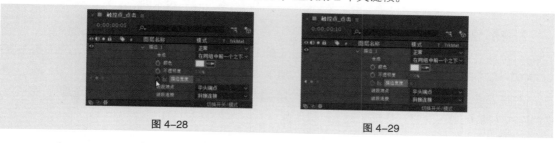

图 4-28   图 4-29

（14）将时间标签放置在 0:00:00:04 的位置，展开"椭圆 1 > 变换：椭圆 1"选项组，设置"不透明度"选项为"0%"，单击"不透明度"选项左侧的"关键帧自动记录器"按钮 ，如图 4-30 所示，记录第 1 个关键帧。将时间标签放置在 0:00:00:05 的位置，设置"不透明度"选项为"100%"，如图 4-31 所示，记录第 2 个关键帧。

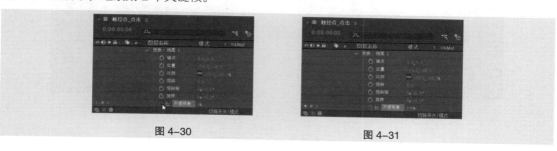

图 4-30   图 4-31

（15）将时间标签放置在0:00:00:08的位置，单击"不透明度"选项左侧的"在当前时间添加或移除关键帧"按钮█，如图4-32所示，记录第3个关键帧。将时间标签放置在0:00:00:10的位置，设置"不透明度"选项为"0%"，如图4-33所示，记录第4个关键帧。

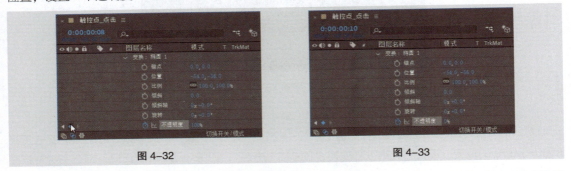

图4-32　　　　　　　　　　　　　　　图4-33

（16）单击"不透明度"选项，将该选项的关键帧全部选中，按F9键，将关键帧转为缓动关键帧，如图4-34所示。选中"触控点"图层，按P键，展开"位置"选项，设置"位置"选项为"150.0，150.0"，如图4-35所示。

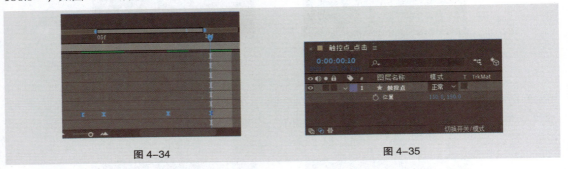

图4-34　　　　　　　　　　　　　　　图4-35

2. 制作"微信 - 信息"动画

（1）在"项目"窗口中双击"01"合成，进入合成的编辑窗口。按Ctrl+K组合键，在弹出的"合成设置"对话框中进行设置，如图4-36所示。单击"确定"按钮完成设置。

（2）选中"消息1"图层，按T键，展开"不透明度"选项，设置"不透明度"选项为"0%"，如图4-37所示。

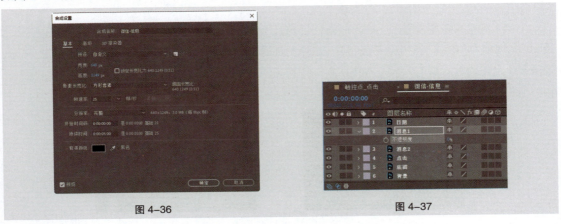

图4-36　　　　　　　　　　　　　　　图4-37

（3）单击"不透明度"选项左侧的"关键帧自动记录器"按钮 ⏱，如图 4-38 所示，记录第 1 个关键帧。将时间标签放置在 0:00:00:15 的位置，设置"不透明度"选项为"100%"，如图 4-39 所示，记录第 2 个关键帧。

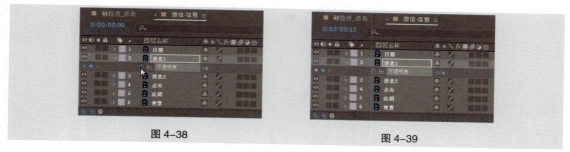

图 4-38   图 4-39

（4）将时间标签放置在 0:00:01:00 的位置，按 P 键，展开"位置"选项，单击"位置"选项左侧的"关键帧自动记录器"按钮 ⏱，如图 4-40 所示，记录第 1 个关键帧。将时间标签放置在 0:00:01:10 的位置，设置"位置"选项为"320.0，565.0"，如图 4-41 所示，记录第 2 个关键帧。

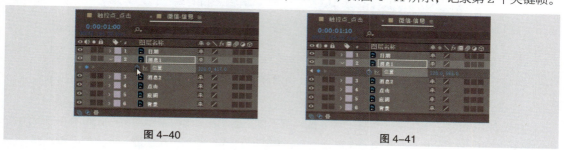

图 4-40   图 4-41

（5）单击"位置"选项，将该选项的关键帧全部选中，如图 4-42 所示。按 F9 键，将关键帧转为缓动关键帧，如图 4-43 所示。

图 4-42   图 4-43

（6）在"时间轴"窗口中，单击"图表编辑器"按钮 ▦，进入图表编辑器窗口中，如图 4-44 所示。拖曳控制点到适当的位置，如图 4-45 所示。再次单击"图表编辑器"按钮 ▦，退出图表编辑器。

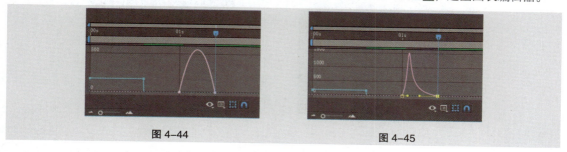

图 4-44   图 4-45

（7）将时间标签放置在 0:00:01:00 的位置，选中"消息 2"图层，按 T 键，展开"不透明度"

选项，设置"不透明度"选项为"0%"，单击"不透明度"选项左侧的"关键帧自动记录器"按钮 ⏱ ，如图 4-46 所示，记录第 1 个关键帧。将时间标签放置在 0:00:01:15 的位置，设置"不透明度"选项为"100%"，如图 4-47 所示，记录第 2 个关键帧。

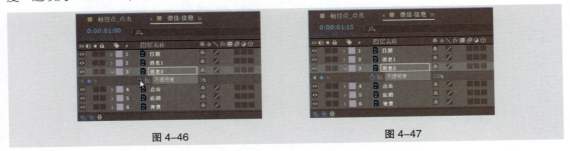

图 4-46   图 4-47

（8）单击"不透明度"选项，将该选项的关键帧全部选中，如图 4-48 所示。按 F9 键，将关键帧转为缓动关键帧，如图 4-49 所示。

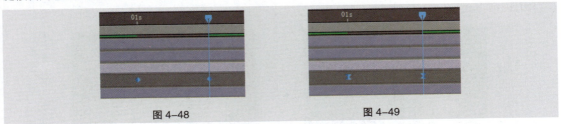

图 4-48   图 4-49

（9）在"时间轴"窗口中，单击"图表编辑器"按钮 📊 ，进入图表编辑器窗口，如图 4-50 所示。拖曳控制点到适当的位置，如图 4-51 所示。再次单击"图表编辑器"按钮 📊 ，退出图表编辑器。

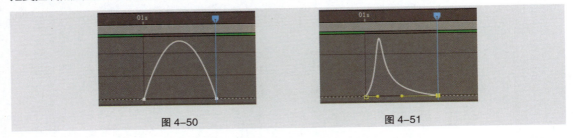

图 4-50   图 4-51

（10）按住 Shift 键的同时，按 P 键，展开"位置"选项，设置"位置"选项为"320.0，417.0"，如图 4-52 所示。"合成"中的效果如图 4-53 所示。

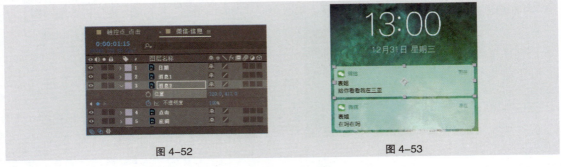

图 4-52   图 4-53

（11）在"项目"窗口中选中"02.wav"文件，将其拖曳到"时间轴"窗口中，并放置在"消息 1"

图层的下方，如图 4-54 所示。按 Ctrl+D 组合键，复制图层，并将其拖曳到"消息 2"图层的下方。将时间标签放置在 0:00:01:00 的位置，按 Alt+[键，设置动画的入点。

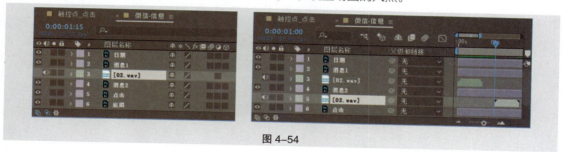

图 4-54

（12）在"点击"图层上单击鼠标右键，在弹出的快捷菜单中选择"预合成"命令，在弹出的"预合成"对话框中进行设置，如图 4-55 所示。单击"确定"按钮，创建合成并打开。按 Ctrl+K 组合键，在弹出的"合成设置"对话框中进行设置，如图 4-56 所示。单击"确定"按钮，完成合成的设置。

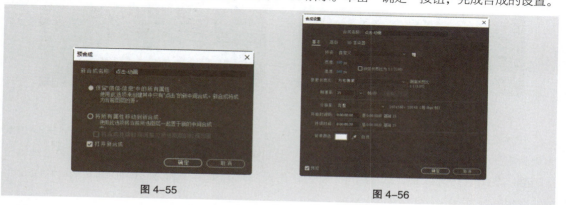

图 4-55   图 4-56

（13）选中"点击 /01.psd"图层，选择"效果 > 模糊和锐化 > 高斯模糊"命令，在"效果控件"窗口中进行设置，如图 4-57 所示。在"效果控件"窗口中，单击"模糊度"选项左侧的"关键帧自动记录器"按钮，如图 4-58 所示，记录第 1 个关键帧。

图 4-57   图 4-58

（14）将时间标签放置在 0:00:00:10 的位置，在"效果控件"窗口中，设置"模糊度"选项为"0.0"，如图 4-59 所示，记录第 2 个关键帧。将时间标签放置在 0:00:00:20 的位置，在"效果控件"窗口中，设置"模糊度"选项为"10.0"，如图 4-60 所示，记录第 3 个关键帧。

图 4-59   图 4-60

（15）将时间标签放置在 0：00：00：00 的位置，按 T 键，展开"不透明度"选项，设置"不透明度"选项为"0%"，如图 4-61 所示。单击"不透明度"选项左侧的"关键帧自动记录器"按钮 🔘，如图 4-62 所示，记录第 1 个关键帧。

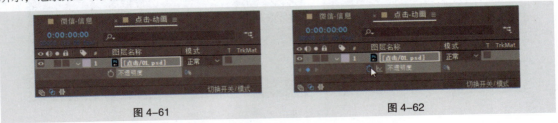

图 4-61　　　　　　　　　　　　　图 4-62

（16）将时间标签放置在 0：00：00：10 的位置，设置"不透明度"选项为"100%"，如图 4-63 所示，记录第 2 个关键帧。将时间标签放置在 0：00：00：20 的位置，设置"不透明度"选项为"0%"，如图 4-64 所示，记录第 3 个关键帧。

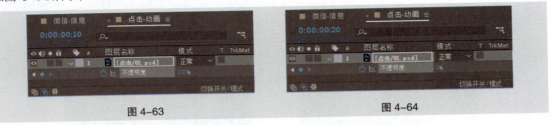

图 4-63　　　　　　　　　　　　　图 4-64

（17）进入"微信-信息"合成窗口中。选中"点击"图层，选择"图层 > 时间 > 启用时间重映射"命令，按住 Alt 键的同时，单击"时间重映射"选项左侧的"关键帧自动记录器"按钮 🔘，激活表达式属性，如图 4-65 所示。在表达式文本框中输入"loopOut(type="cycle"，numkeyframes=0)"，如图 4-66 所示。

图 4-65

图 4-66

3. 制作"微信 - 对话"动画

（1）在"项目"窗口中双击"03"合成，进入合成编辑窗口。按 Ctrl+K 组合键，在弹出的"合成设置"对话框中进行设置，如图 4-67 所示。单击"确定"按钮完成设置。

（2）在"时间轴"窗口中双击"内容区"图层，进入"内容区"合成窗口。按 Ctrl+K 组合键，在弹出的"合成设置"对话框中进行设置，如图 4-68 所示。单击"确定"按钮完成设置。

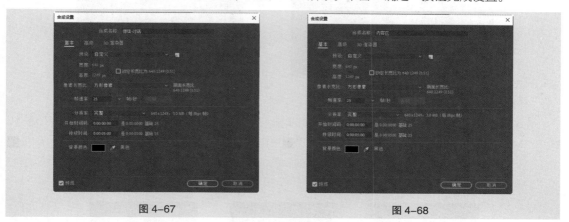

图 4-67　　　　　　　　　　　　　　　　图 4-68

（3）在"视频"图层上单击鼠标右键，在弹出的快捷菜单中选择"预合成"命令，在弹出的"预合成"对话框中进行设置，如图 4-69 所示。单击"确定"按钮，创建合成并进入该合成窗口中。按 Ctrl+K 组合键，在弹出的"合成设置"对话框中进行设置，如图 4-70 所示。单击"确定"按钮完成设置。

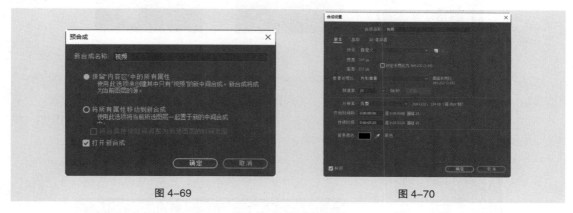

图 4-69　　　　　　　　　　　　　　　　图 4-70

（4）在"项目"窗口中选中"04.mov"文件，并将其拖曳到"时间轴"窗口中，图层排列如图 4-71 所示。选中"04.mov"图层，按 S 键，展开"缩放"选项，设置"缩放"选项为"24.0，24.0%"，如图 4-72 所示。

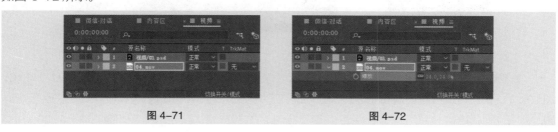

图 4-71　　　　　　　　　　　　　　　　图 4-72

（5）将"04.mov"图层的"T TrkMat"选项设置为"Alpha 遮罩'视频/03.psd'"，如图 4-73 所示。"合成"窗口中的效果如图 4-74 所示。

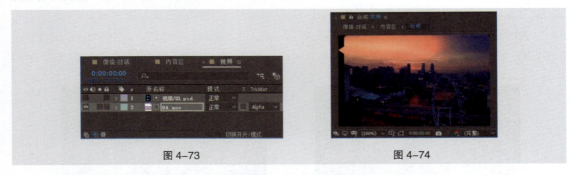

图 4-73 图 4-74

（6）进入"内容区"合成窗口中。选中"表姐头像_1"图层，选择"窗口 > Motion 2.jsxbin"命令，打开"Motion 2"窗口，如图 4-75 所示。单击 按钮，进入锚点控制区，如图 4-76 所示。单击 按钮，如图 4-77 所示，调整图层的锚点。用相同的方法调整"视频"图层、"表姐头像_2"图层和"表姐_2"图层的锚点位置。

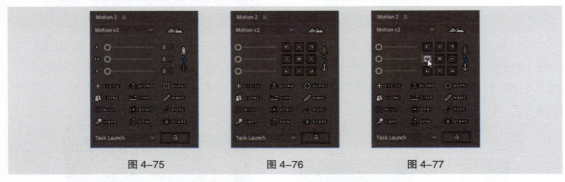

图 4-75 图 4-76 图 4-77

（7）选中"我头像_1"图层，单击"Motion 2"窗口中的 按钮，如图 4-78 所示，调整图层的锚点。用相同的方法调整"我_1"图层、"我头像_2"图层和"我_2"图层的锚点位置。

（8）将时间标签放置在 0:00:00:10 的位置，选中"表姐头像_1"图层和"视频"图层，按 Alt+[组合键，设置动画的入点，如图 4-79 所示。

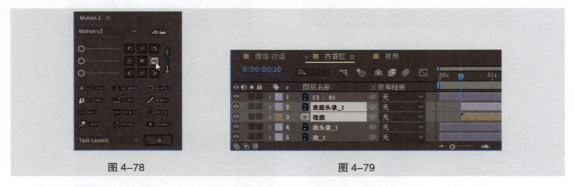

图 4-78 图 4-79

（9）选中"表姐头像_1"图层，按 P 键，展开"位置"选项，设置"位置"选项为"-15.0，204.0"；按住 Shift 键的同时，按 S 键，展开"缩放"选项，设置"缩放"选项为"30.0，30.0%"，分别单击"位置"选项和"缩放"选项左侧的"关键帧自动记录器"按钮 ，如图 4-80 所示，记录第 1 个关键帧。

（10）将时间标签放置在 0:00:00:15 的位置，设置"位置"选项为"76.0，204.0"，设置"缩放"选项为"100.0，100.0%"，如图 4-81 所示，记录第 2 个关键帧。

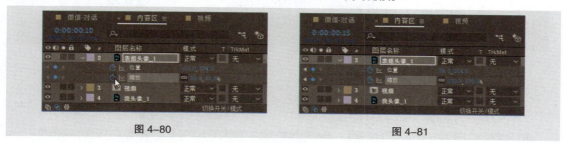

图 4-80　　　　　　　　　　　　　　　　　图 4-81

（11）将时间标签放置在 0:00:00:10 的位置，选中"［视频］"图层，按 P 键，展开"位置"选项，设置"位置"选项为"-237.0，381.0"；按住 Shift 键的同时，按 S 键，展开"缩放"选项，设置"缩放"选项为"20.0，20.0%"，分别单击"位置"选项和"缩放"选项左侧的"关键帧自动记录器"按钮，如图 4-82 所示，记录第 1 个关键帧。

（12）将时间标签放置在 0:00:00:15 的位置，设置"位置"选项为"131.0，275.0"，设置"缩放"选项为"110.0，110.0%"，如图 4-83 所示，记录第 2 个关键帧。

图 4-82　　　　　　　　　　　　　　　　　图 4-83

（13）将时间标签放置在 0:00:00:18 的位置，设置"缩放"选项为"100.0，100.0%"，如图 4-84 所示，记录第 3 个关键帧。选择"图层 > 时间 > 启用时间重映射"命令，按住 Alt 键的同时，单击"时间重映射"选项左侧的"关键帧自动记录器"按钮，激活表达式属性。在表达式文本框中输入"loopOut(type="cycle"，numkeyframes=0)"，如图 4-85 所示。

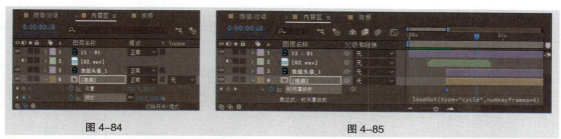

图 4-84　　　　　　　　　　　　　　　　　图 4-85

（14）在"项目"窗口中选中"02.wav"文件，将其拖曳到"时间轴"窗口中。图层的排列如图 4-86 所示。

（15）将时间标签放置在 0:00:00:05 的位置，选中"［02.wav］"图层，按 Alt+[组合键，设置动画的入点，如图 4-87 所示。

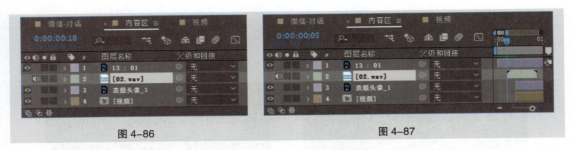

图 4-86   图 4-87

（16）按 Ctrl+D 组合键，复制图层，将复制的图层拖曳到"视频"图层的下方，如图 4-88 所示。将时间标签放置在 0:00:01:00 的位置，按 Alt+[组合键，设置动画的入点，如图 4-89 所示。

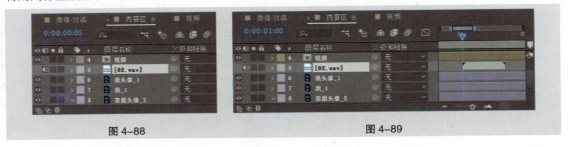

图 4-88   图 4-89

（17）将时间标签放置在 0:00:01:05 的位置，选中"我头像 _1"图层和"我 _1"图层，按 Alt+[组合键，设置动画的入点，如图 4-90 所示。

图 4-90

（18）选中"我头像 _1"图层，按 P 键，展开"位置"选项，设置"位置"选项为"693.0，487.0"；按住 Shift 键的同时，按 S 键，展开"缩放"选项，设置"缩放"选项为"30.0，30.0%"；分别单击"位置"选项和"缩放"选项左侧的"关键帧自动记录器"按钮，如图 4-91 所示，记录第 1 个关键帧。

（19）将时间标签放置在 0:00:01:10 的位置，设置"位置"选项为"565.0，487.0"，设置"缩放"选项为"100.0，100.0%"，如图 4-92 所示，记录第 2 个关键帧。

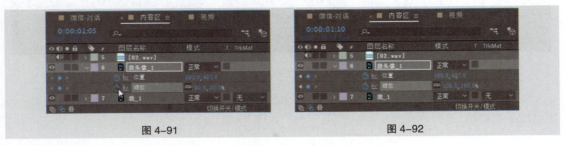

图 4-91   图 4-92

（20）将时间标签放置在 0:00:01:05 的位置，选中"我 _1"图层，设置该图层的锚点为右侧中点；按 P 键，展开"位置"选项，设置"位置"选项为"560.0，488.0"；按住 Shift 键的同时，按 S 键，展开"缩放"选项，设置"缩放"选项为"80.0，80.0%"，分别单击"位置"选项和"缩放"选项左侧的"关键帧自动记录器"按钮 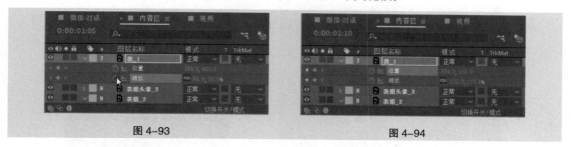，如图4-93所示，记录第1个关键帧。

（21）将时间标签放置在0:00:01:10的位置，设置"位置"选项为"504.0，488.0"，设置"缩放"选项为"110.0，110.0%"，如图4-94所示，记录第2个关键帧。

图4-93　　　　　　　　　　　　图4-94

（22）将时间标签放置在0:00:01:13的位置，设置"缩放"选项为"100.0，100.0%"，记录第3个关键帧，如图4-95所示。

（23）用上述方法为其他图层添加"位置"和"缩放"选项动画，设置图层的入点时间，并添加音乐，如图4-96所示。

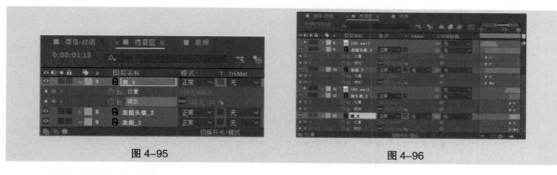

图4-95　　　　　　　　　　　　图4-96

4. 制作"表姐1"合成动画

（1）在"项目"窗口中双击"05"合成，进入合成编辑窗口。按Ctrl+K组合键，在弹出的"合成设置"对话框中进行设置，如图4-97所示，单击"确定"按钮完成设置。

（2）在"时间轴"窗口中双击"表姐1"图层，进入"表姐1"合成窗口中。在"照片1"图层上单击鼠标右键，在弹出的快捷菜单中选择"预合成"命令，在弹出的"预合成"对话框中进行设置，如图4-98所示。单击"确定"按钮，完成合成创建。

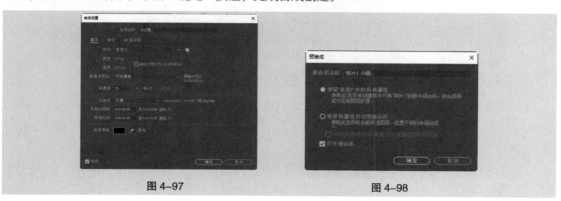

图4-97　　　　　　　　　　　　图4-98

（3）按 Ctrl+K 组合键，在弹出的"合成设置"对话框中进行设置，如图 4-99 所示。单击"确定"按钮完成设置。在"项目"窗口中选中"11.mp4"文件，将其拖曳到"时间轴"窗口中。图层的排列如图 4-100 所示。

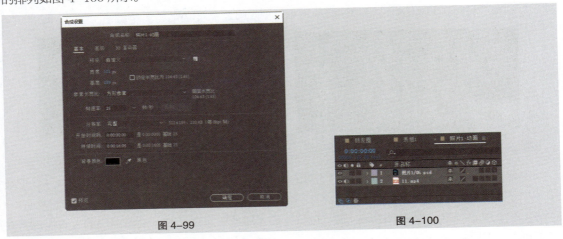

图 4-99　　　　　　　　　　　　　　　　　图 4-100

（4）选中"11.mp4"图层，按 S 键，展开"缩放"选项，设置"缩放"选项为"9.0，9.0%"，如图 4-101 所示。将"11.mp4"图层的"T TrkMat"选项设置为"Alpha 遮罩'照片 1/05.psd'"，如图 4-102 所示。

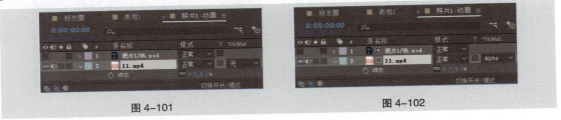

图 4-101　　　　　　　　　　　　　　　　　图 4-102

（5）选中"照片 1"图层，选择"图层 > 时间 > 启用时间重映射"命令，按住 Alt 键的同时，单击"时间重映射"选项左侧的"关键帧自动记录器"按钮，激活表达式属性。在表达式文本框中输入"loopOut(type="cycle", numkeyframes=0)"，如图 4-103 所示。

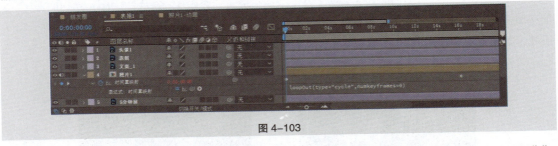

图 4-103

（6）按 Ctrl+N 组合键，弹出"合成设置"对话框，在"合成名称"文本框中输入"表姐 1- 昵称"，设置"背景颜色"为黑色，其他选项的设置如图 4-104 所示。单击"确定"按钮，创建一个新的合成"表姐 1- 昵称"。

（7）选择"横排文字工具"，在"合成"窗口中输入文字"倩倩"。选中文字，在"字符"窗口中设置"填充颜色"设为深蓝色（45、75、94），其他文字参数如图 4-105 所示。

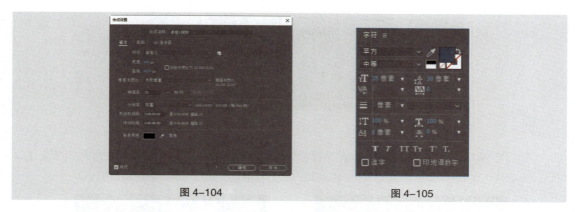

图 4-104   图 4-105

（8）选中"倩倩"图层，按P键，展开"位置"选项，设置"位置"选项为"189.8，873.1"，如图 4-106 所示。"合成"窗口中的效果如图 4-107 所示。

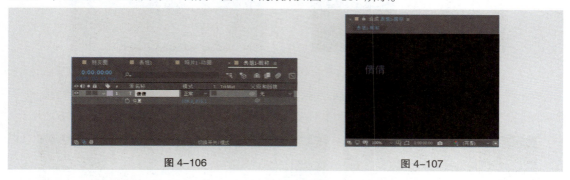

图 4-106   图 4-107

（9）用相同的方法输入其他文字，并放置在适当的位置。"时间轴"窗口如图 4-108 所示。"合成"窗口中的效果如图 4-109 所示。

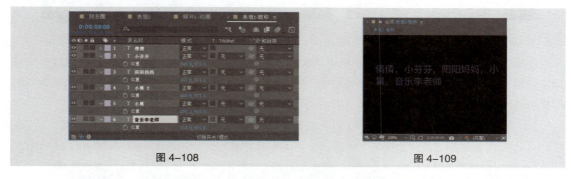

图 4-108   图 4-109

（10）将时间标签放置在 0:00:00:10 的位置，选中"小芬芬"图层，按 Alt+[组合键，设置动画的入点，如图 4-110 所示。用相同的方法设置每个图层的入点相隔 0:00:00:10。效果如图 4-111 所示。

图 4-110

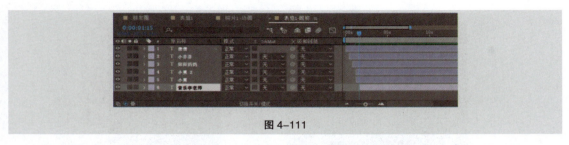

图 4-111

（11）在"项目"窗口中选中"07.wav"文件，将其拖曳到"时间轴"窗口中。图层的排列如图 4-112 所示。选中"07.wav"图层，按 Ctrl+D 组合键两次，复制两个图层，如图 4-113 所示。

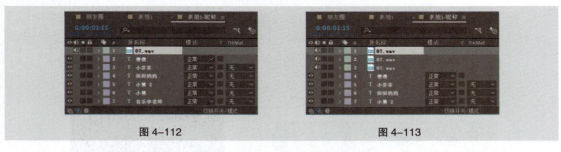

图 4-112   图 4-113

（12）按住 Shift 键的同时，选中需要的图层，如图 4-114 所示。选择"动画 > 关键帧辅助 > 序列图层"命令，弹出"序列图层"对话框，单击"确定"按钮。图层序列效果如图 4-115 所示。

图 4-114   图 4-115

（13）进入"表姐 1"合成窗口中选中"昵称"图层，按 Delete 键，将其删除。在"项目"窗口中选中"表姐 1- 昵称"合成，将其拖曳到"时间轴"窗口中，并放置在"图标"图层的下方，如图 4-116 所示。

（14）将时间标签放置在 0:00:25:15 的位置，按住 Shift 键的同时，选中"图标"图层、"［表姐 1- 昵称 ］"图层和"点赞 _ 底图"图层，按 Alt+[组合键，设置动画的入点，如图 4-117 所示。

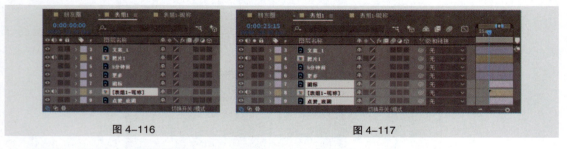

图 4-116   图 4-117

5. 制作"表姐 2"合成动画

（1）进入"朋友圈"合成窗口中。在"时间轴"窗口中双击"表姐 2"图层，进入"表姐 2"

合成编辑窗口中。

（2）将时间标签放置在 0:00:17:05 的位置，选中"1"图层，按 P 键，展开"位置"选项，设置"位置"选项为"-98.0，1350.0"，单击"位置"选项左侧的"关键帧自动记录器"按钮⏱，如图 4-118 所示，记录第 1 个关键帧。

（3）将时间标签放置在 0:00:17:11 的位置，设置"位置"选项为"323.0，1350.0"，如图 4-119 所示，记录第 2 个关键帧。

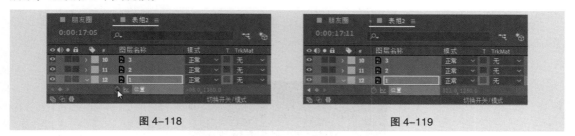

图 4-118　　　　　　　　　　　　　　图 4-119

（4）将时间标签放置在 0:00:17:15 的位置，单击"位置"选项左侧的"在当前时间添加或移除关键帧"按钮◆，如图 4-120 所示，记录第 3 个关键帧。将时间标签放置在 0:00:17:20 的位置，设置"位置"选项为"189.0，1217.0"，如图 4-121 所示，记录第 4 个关键帧。

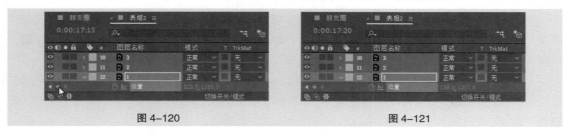

图 4-120　　　　　　　　　　　　　　图 4-121

（5）将时间标签放置在 0:00:17:05 的位置，按住 Shift 键的同时，按 S 键，展开"缩放"选项，设置"缩放"选项为"150.0，150.0%"，单击"缩放"选项左侧的"关键帧自动记录器"按钮⏱，如图 4-122 所示，记录第 1 个关键帧。

（6）将时间标签放置在 0:00:17:15 的位置，单击"缩放"选项左侧的"在当前时间添加或移除关键帧"按钮◆，记录第 2 个关键帧。将时间标签放置在 0:00:17:20 的位置，设置"缩放"选项为"100.0，100.0%"，如图 4-123 所示，记录第 3 个关键帧。

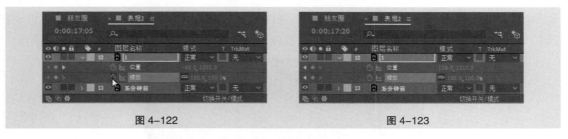

图 4-122　　　　　　　　　　　　　　图 4-123

（7）将时间标签放置在 0:00:18:00 的位置，选中"2"图层，按 Alt+[组合键，设置动画的入点。按 P 键，展开"位置"选项，设置"位置"选项为"735.0，1350.0"，单击"位置"选项左侧的"关键帧自动记录器"按钮⏱，如图 4-124 所示，记录第 1 个关键帧。将时间标签放置在 0:00:18:05 的位置，设置"位置"选项为"324.0，1350.0"，如图 4-125 所示，记录第 2 个关键帧。

图 4-124   图 4-125

（8）将时间标签放置在 0:00:18:10 的位置，单击"位置"选项左侧的"在当前时间添加或移除关键帧"按钮■，记录第 3 个关键帧。将时间标签放置在 0:00:18:15 的位置，设置"位置"选项为"324.0，1217.0"，如图 4-126 所示，记录第 4 个关键帧。

图 4-126

（9）将时间标签放置在 0:00:18:00 的位置，按住 Shift 键的同时，按 S 键，展开"缩放"选项，设置"缩放"选项为"150.0，150.0%"，单击"缩放"选项左侧的"关键帧自动记录器"按钮◎，如图 4-127 所示，记录第 1 个关键帧。

（10）将时间标签放置在 0:00:18:10 的位置，单击"缩放"选项左侧的"在当前时间添加或移除关键帧"按钮■，记录第 2 个关键帧。将时间标签放置在 0:00:18:15 的位置，设置"缩放"选项为"100.0，100.0%"，如图 4-128 所示，记录第 3 个关键帧。

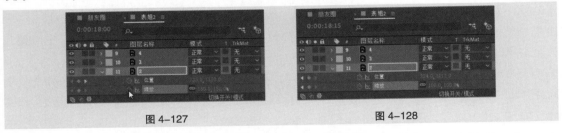

图 4-127   图 4-128

（11）用相同的方法分别对"3"图层、"4"图层、"5"图层、"6"图层、"7"图层、"8"图层和"9"图层添加"位置"选项和"缩放"选项，设置相应的参数及不同的入场时间，如图 4-129 所示。

图 4-129

（12）按Ctrl+N组合键，弹出"合成设置"对话框，在"合成名称"文本框中输入"表姐2-昵称"，设置"背景颜色"为黑色，其他选项的设置如图4-130所示。单击"确定"按钮，创建一个新的合成"表姐2-昵称"。

（13）选择"横排文字工具" T，在"合成"窗口中输入文字"二姨"。选中文字，在"字符"窗口中设置"填充颜色"设为深蓝色（45、75、94），其他文字参数如图4-131所示。

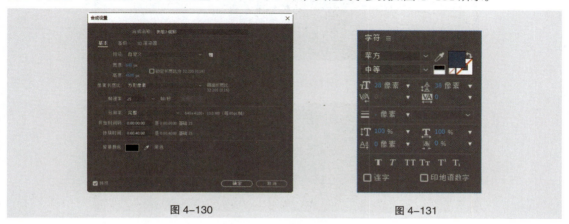

图 4-130   图 4-131

（14）选中"二姨"图层，按P键，展开"位置"选项，设置"位置"选项为"189.8，1693.1"，如图4-132所示。"合成"窗口中的效果如图4-133所示。

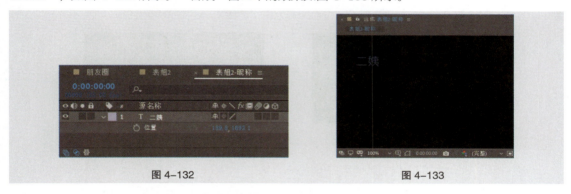

图 4-132   图 4-133

（15）用相同的方法输入其他文字，并放置在适当的位置。"时间轴"窗口如图4-134所示。"合成"窗口中的效果如图4-135所示。

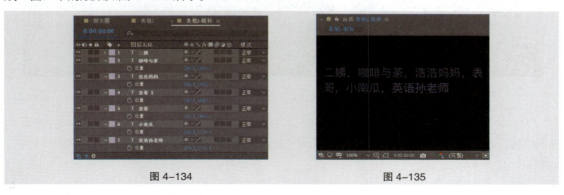

图 4-134   图 4-135

（16）将时间标签放置在 0:00:00:10 的位置，选中"咖啡与茶"图层，按 Alt+[组合键，设置动画的入点，如图 4-136 所示。用相同的方法控制每个图层的入点相隔 0:00:00:10。效果如图 4-137 所示。

图 4-136

图 4-137

（17）在"项目"窗口中选中"[07.wav]"文件，将其拖曳到"时间轴"窗口中。图层的排列如图 4-138 所示。选中"[07.wav]"图层，按 Ctrl+D 组合键两次，复制出两个图层，如图 4-139 所示。

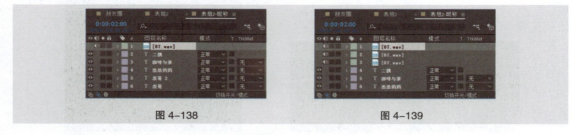

图 4-138   图 4-139

（18）按住 Shift 键的同时，选中需要的图层，如图 4-140 所示。选择"动画 > 关键帧辅助 > 序列图层"命令，弹出"序列图层"对话框，单击"确定"按钮。图层序列效果如图 4-141 所示。

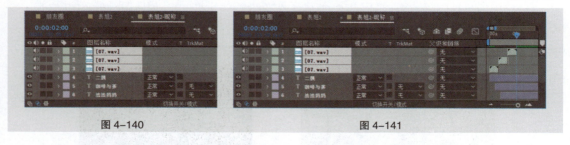

图 4-140   图 4-141

（19）进入"表姐 2"合成窗口中，选中"昵称"图层，按 Delete 键，将其删除。在"项目"窗口中选中"表姐 2- 昵称"合成，将其拖曳到"时间轴"窗口中，并放置在"图标"图层的下方，如图 4-142 所示。

（20）将时间标签放置在 0:00:18:00 的位置，按住 Ctrl 键的同时，选中"图标"图层、"[表姐 2- 昵称]"图层和"点赞_底图"图层，按 Alt+[组合键，设置动画的入点，如图 4-143 所示。

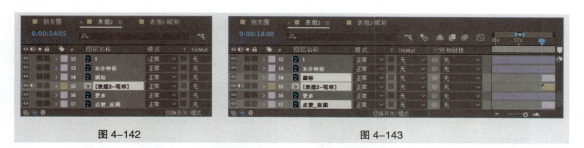

<table>
<tr><td>图 4-142</td><td>图 4-143</td></tr>
</table>

（21）用上述方法制作"表姐3"合成动画和"小姑"合成动画。

6. 制作"朋友圈"动画

（1）进入"朋友圈"合成窗口中。将"分割线 _2"图层、"相册封面"图层、"[表姐 2]"图层、"[表姐 3]"图层和"[小姑]"图层的"父集和链接"选项设置为"3.表姐 1"，如图 4-144 所示。

图 4-144

（2）选中"分割线 _2"图层，按 P 键，展开"位置"选项，设置"位置"选项为"320.0，1572.0"，如图 4-145 所示。选中"[小姑]"图层，按 P 键，展开"位置"选项，设置"位置"选项为"320.0，1572.0"，如图 4-146 所示。

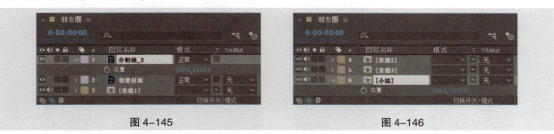

<table>
<tr><td>图 4-145</td><td>图 4-146</td></tr>
</table>

（3）将时间标签放置在 0:00:10:15 的位置，选中"[表姐 1]"图层，按 P 键，展开"位置"选项，单击"位置"选项左侧的"关键帧自动记录器"按钮，如图 4-147 所示，记录第 1 个关键帧。将时间标签放置在 0:00:11:00 的位置，设置"位置"选项为"320.0，2245.0"，如图 4-148 所示，记录第 2 个关键帧。

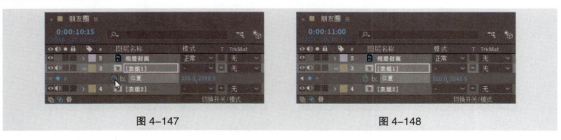

<table>
<tr><td>图 4-147</td><td>图 4-148</td></tr>
</table>

（4）将时间标签放置在 0:00:16:10 的位置，单击"位置"选项左侧的"在当前时间添加或移除关键帧"按钮，如图 4-149 所示，记录第 3 个关键帧。将时间标签放置在 0:00:16:20 的位置，设置"位置"选项为"320.0，3070.0"，如图 4-150 所示，记录第 4 个关键帧。

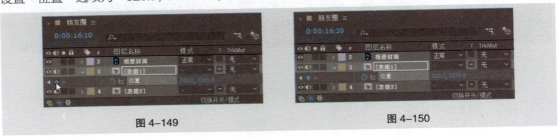

图 4-149　　　　　　　　　　　　　　　　图 4-150

（5）将时间标签放置在 0:00:24:20 的位置，单击"位置"选项左侧的"在当前时间添加或移除关键帧"按钮，如图 4-151 所示，记录第 5 个关键帧。将时间标签放置在 0:00:25:05 的位置，设置"位置"选项为"320.0，4027.0"，如图 4-152 所示，记录第 6 个关键帧。

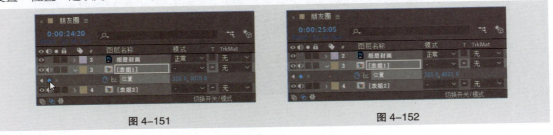

图 4-151　　　　　　　　　　　　　　　　图 4-152

（6）将时间标签放置在 0:00:01:09 的位置，选中"［小风］"图层，按 P 键，展开"位置"选项，设置"位置"选项为"320.0，1158.0"，单击"位置"选项左侧的"关键帧自动记录器"按钮，如图 4-153 所示，记录第 1 个关键帧。将时间标签放置在 0:00:01:10 的位置，设置"位置"选项为"320.0，1200.0"，如图 4-154 所示，记录第 2 个关键帧。

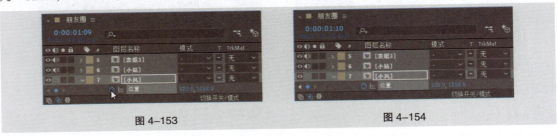

图 4-153　　　　　　　　　　　　　　　　图 4-154

（7）将时间标签放置在 0:00:02:09 的位置，单击"位置"选项左侧的"在当前时间添加或移除关键帧"按钮，如图 4-155 所示，记录第 3 个关键帧。将时间标签放置在 0:00:02:10 的位置，设置"位置"选项为"320.0，1298.0"，如图 4-156 所示，记录第 4 个关键帧。

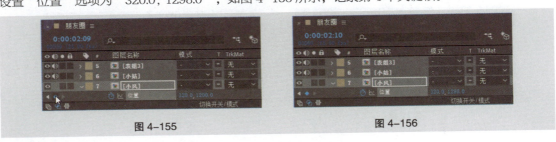

图 4-155　　　　　　　　　　　　　　　　图 4-156

（8）将时间标签放置在0:00:03:09的位置，单击"位置"选项左侧的"在当前时间添加或移除关键帧"按钮，如图4-157所示，记录第5个关键帧。将时间标签放置在0:00:03:10的位置，设置"位置"选项为"320.0，1395.0"，如图4-158所示，记录第6个关键帧。

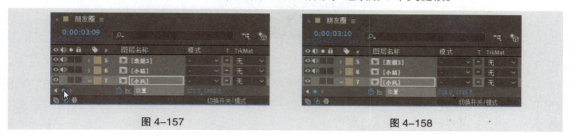

图 4-157   图 4-158

（9）将时间标签放置在0:00:04:09的位置，单击"位置"选项左侧的"在当前时间添加或移除关键帧"按钮，如图4-159所示，记录第7个关键帧。将时间标签放置在0:00:04:10的位置，设置"位置"选项为"320.0，1558.0"，如图4-160所示，记录第8个关键帧。

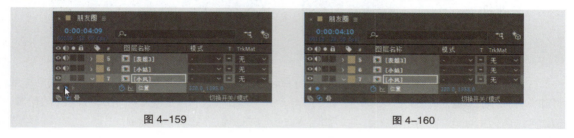

图 4-159   图 4-160

（10）将时间标签放置在0:00:11:20的位置，选中"分割线_2"图层，按Shift+Ctrl+D组合键，在当前时间将素材裁剪为两部分，并生成新图层，如图4-161所示。

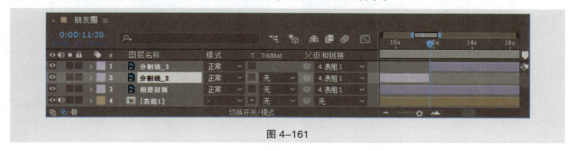

图 4-161

（11）将"分割线_3"图层的"父集和链接"选项设置为"无"，如图4-162所示。

图 4-162

（12）选中"［小姑］"图层，按Shift+Ctrl+D组合键，在当前时间将素材裁剪为两部分，并生成新图层，设置新图层的"父集和链接"选项为"1.分割线_3"，如图4-163所示。

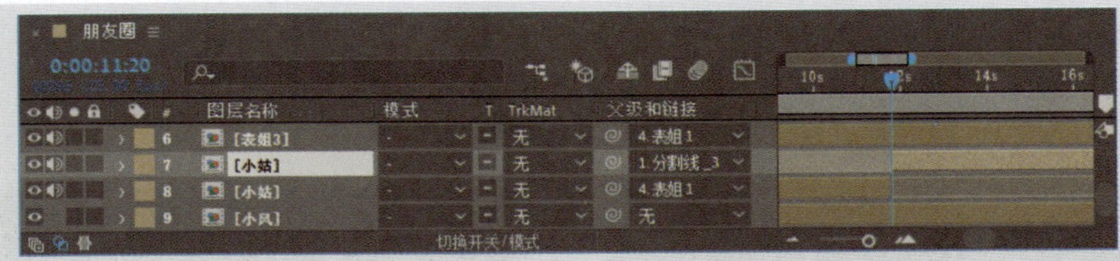

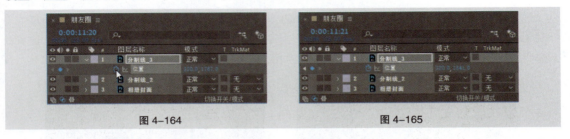

图 4-163

（13）选中"分割线_3"图层，按 P 键，展开"位置"选项，单击"位置"选项左侧的"关键帧自动记录器"按钮 ⏱，如图 4-164 所示，记录第 1 个关键帧。将时间标签放置在 0:00:11:21 的位置，设置"位置"选项为"320.0，1841.0"，如图 4-165 所示，记录第 2 个关键帧。

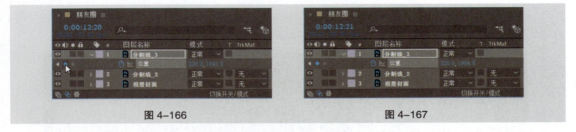

图 4-164   图 4-165

（14）将时间标签放置在 0:00:12:20 的位置，单击"位置"选项左侧的"在当前时间添加或移除关键帧"按钮 ◈，如图 4-166 所示，记录第 3 个关键帧。将时间标签放置在 0:00:12:21 的位置，设置"位置"选项为"320.0，1904.0"，如图 4-167 所示，记录第 4 个关键帧。

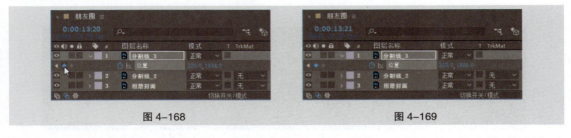

图 4-166   图 4-167

（15）将时间标签放置在 0:00:13:20 的位置，单击"位置"选项左侧的"在当前时间添加或移除关键帧"按钮 ◈，如图 4-168 所示，记录第 5 个关键帧。将时间标签放置在 0:00:13:21 的位置，设置"位置"选项为"320.0，1988.0"，如图 4-169 所示，记录第 6 个关键帧。

图 4-168   图 4-169

（16）将时间标签放置在 0:00:14:20 的位置，单击"位置"选项左侧的"在当前时间添加或移除关键帧"按钮 ◈，如图 4-170 所示，记录第 7 个关键帧。将时间标签放置在 0:00:14:21 的位置，设置"位置"选项为"320.0，2092.0"，如图 4-171 所示，记录第 8 个关键帧。

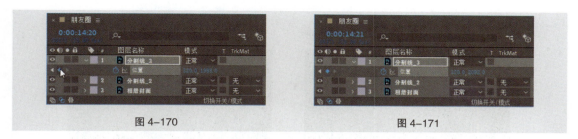

| 图 4-170 | 图 4-171 |

（17）将时间标签放置在 0:00:15:20 的位置，单击"位置"选项左侧的"在当前时间添加或移除关键帧"按钮 ■，如图 4-172 所示，记录第 9 个关键帧。将时间标签放置在 0:00:15:21 的位置，设置"位置"选项为"320.0，2232.0"，如图 4-173 所示，记录第 10 个关键帧。

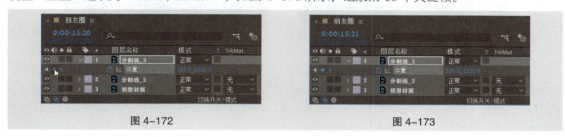

| 图 4-172 | 图 4-173 |

（18）将时间标签放置在 0:00:16:10 的位置，选中"［小姑］"图层，按 Shift+Ctrl+D 组合键，在当前时间将素材裁剪为两部分，并生成新图层，设置新的图层"父集和链接"选项为"4.表姐 1"，如图 4-174 所示。

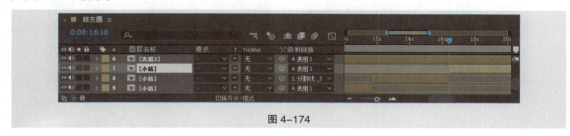

图 4-174

（19）选中"分割线 _3"图层，按 Shift+Ctrl+D 组合键，在当前时间将素材裁剪为两部分，并生成新图层，设置新的图层"父集和链接"选项为"5.表姐 1"，如图 4-175 所示。

图 4-175

7. 制作"广告页"动画

（1）在"项目"窗口中双击"12"合成，进入合成编辑窗口。按 Ctrl+K 组合键，在弹出的"合成设置"对话框中进行设置，如图 4-176 所示。单击"确定"按钮完成设置。

（2）在"项目"窗口中双击"13"合成，进入合成编辑窗口。按 Ctrl+K 组合键，在弹出的"合成设置"对话框中进行设置，如图 4-177 所示。单击"确定"按钮完成设置。

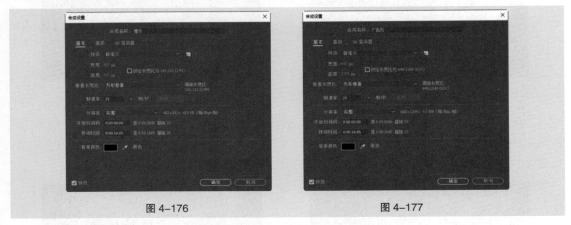

<table>
<tr><td>图 4-176</td><td>图 4-177</td></tr>
</table>

（3）将时间标签放置在 0:00:00:05 的位置，选中"文字"图层，按 S 键，展开"缩放"选项，设置"缩放"选项为"0.0,0.0%"；按住 Shift 键的同时，按 T 键，展开"不透明度"选项，设置"不透明度"选项为"0%"，分别单击"缩放"选项和"不透明度"选项左侧的"关键帧自动记录器"按钮 ，如图 4-178 所示，记录第 1 个关键帧。

（4）将时间标签放置在 0:00:00:15 的位置，设置"缩放"选项为"120.0, 120.0%"，设置"不透明度"选项为"100%"，如图 4-179 所示，记录第 2 个关键帧。

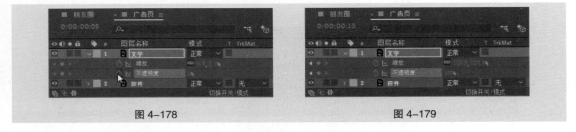

图 4-178   图 4-179

（5）将时间标签放置在 0:00:00:15 的位置，按 P 键，展开"位置"选项，设置"位置"选项为"329.0, 850.0"；按住 Shift 键的同时，按 T 键，展开"不透明度"选项，设置"不透明度"选项为"0%"，如图 4-180 所示。

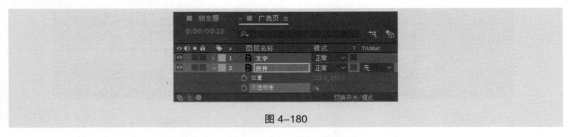

图 4-180

（6）分别单击"位置"选项和"不透明度"选项左侧的"关键帧自动记录器"按钮 ，如图 4-181 所示，记录第 1 个关键帧。将时间标签放置在 0:00:01:00 的位置，设置"位置"选项为"329.0, 740.0"，设置"不透明度"选项为"100%"，如图 4-182 所示，记录第 2 个关键帧。

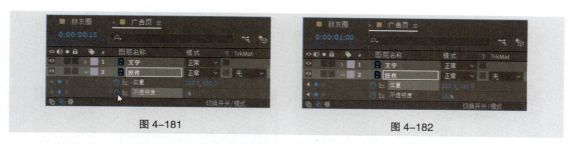

图 4-181	图 4-182

（7）单击"位置"选项，将该选项的关键帧全部选中，如图 4-183 所示。按 F9 键，将关键帧转为缓动关键帧，如图 4-184 所示。

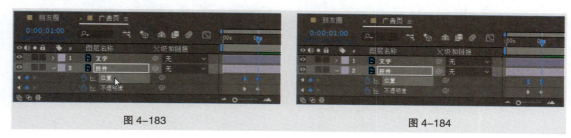

图 4-183	图 4-184

（8）在"时间轴"窗口中，单击"图表编辑器"按钮，进入图表编辑器窗口中，如图 4-185 所示。拖曳控制点到适当的位置，如图 4-186 所示。再次单击"图表编辑器"按钮，退出图表编辑器。

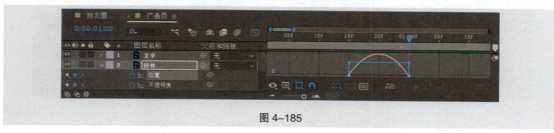

图 4-185

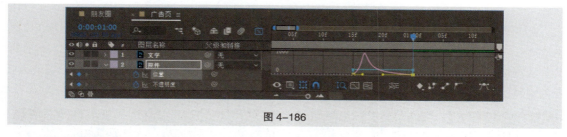

图 4-186

8. 制作最终效果

（1）按 Ctrl+N 组合键，弹出"合成设置"对话框，在"合成名称"文本框中输入"最终效果"，设置"背景颜色"为黑色，其他选项的设置如图 4-187 所示。单击"确定"按钮，创建一个新的合成"最终效果"。

（2）在"项目"窗口中，按住 Ctrl 键的同时，选中"微信－信息"合成、"触控点－点击"合成、"微信－对话"合成、"朋友圈"合成、"提示"合成、"广告页"合成和"09.mp4"文件，并将它们拖曳到"时间轴"窗口中。图层的排列如图 4-188 所示。

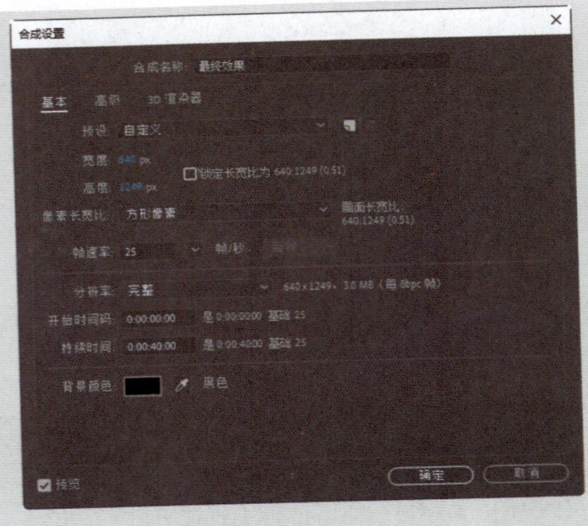

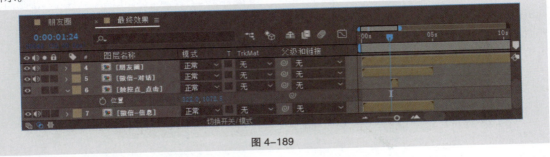

图 4-187 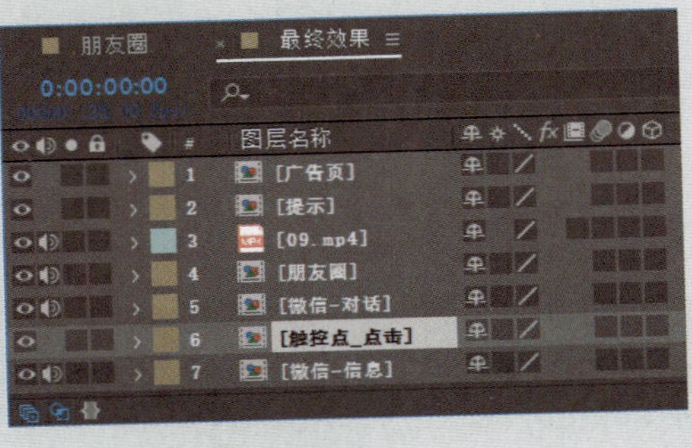   图 4-188

（3）将时间标签放置在 0:00:01:24 的位置，选中"［触控点 - 点击］"图层，按 Alt+[组合键，设置动画的入点。按 P 键，展开"位置"选项，设置"位置"选项为"322.0，1072.5"，如图 4-189 所示。

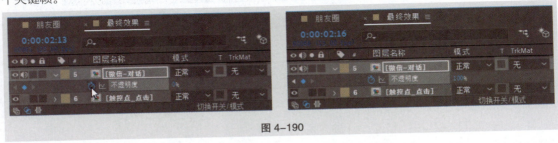

图 4-189

（4）将时间标签放置在 0:00:02:13 的位置，选中"［微信 - 对话］"图层，按 Alt+[组合键，设置动画的入点。按 T 键，展开"不透明度"选项，设置"不透明度"选项为"0%"，单击"不透明度"选项左侧的"关键帧自动记录器"按钮 ⏱，如图 4-190 所示，记录第 1 个关键帧。将时间标签放置在 0:00:02:16 的位置，设置"不透明度"选项为"100%"，如图 4-190 所示，记录第 2 个关键帧。

图 4-190

（5）将时间标签放置在 0:00:06:20 的位置，选中"［朋友圈］"图层，按 Alt+[组合键，设置动画的入点。按 P 键，展开"位置"选项，设置"位置"选项为"320.0，70.5"。将时间标签放置在 0:00:12:05 的位置，选中"［09.mp4］"图层，按 Alt+[组合键，设置动画的入点，如图 4-191 所示。

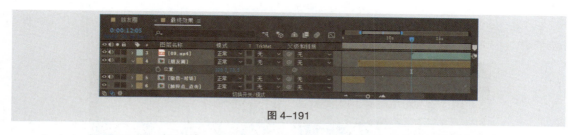

图 4-191

（6）在"项目"窗口中选中"08.wav"文件，将其拖曳到"时间轴"窗口中，并放置在"［09.mp4］"图层的下方，如图 4-192 所示。按 Alt+［组合键，设置动画的入点。

（7）选中"［09.mp4］"图层，按 P 键，展开"位置"选项，设置"位置"选项为"320.0，1436.5"；按住 Shift 键的同时，按 S 键，展开"缩放"选项，设置"缩放"选项为"5.0，5.0%"；按住 Shift 键的同时，按 T 键，展开"不透明度"选项，设置"不透明度"选项为"0%"，如图 4-193 所示。

图 4-192   图 4-193

（8）分别单击"位置"选项、"缩放"选项和"不透明度"选项左侧的"关键帧自动记录器"按钮 ，如图 4-194 所示，记录第 1 个关键帧。将时间标签放置在 0:00:12:15 的位置，设置"位置"选项为"320.0，624.5"，设置"缩放"选项为"33.3，33.3%"，设置"不透明度"选项为"100%"，如图 4-195 所示，记录第 2 个关键帧。

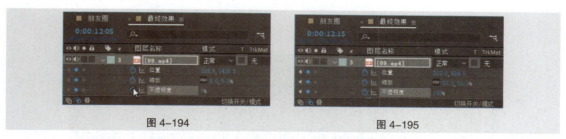

图 4-194   图 4-195

（9）将时间标签放置在 0:00:16:15 的位置，分别单击"位置"选项、"缩放"选项和"不透明度"选项左侧的"在当前时间添加或移除关键帧"按钮 ，如图 4-196 所示，记录第 3 个关键帧。将时间标签放置在 0:00:17:00 的位置，设置"位置"选项为"320.0，1436.5"，设置"缩放"选项为"5.0，5.0%"，设置"不透明度"选项为"0%"，如图 4-197 所示，记录第 4 个关键帧。

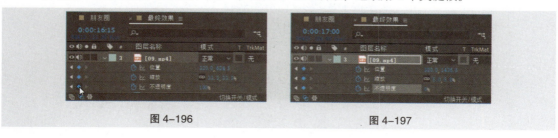

图 4-196   图 4-197

（10）将时间标签放置在 0:00:16:15 的位置，选中"［08.wav］"图层，按 Ctrl+D 组合键，复制图层。按 Alt+[组合键，设置动画的入点，如图 4-198 所示。

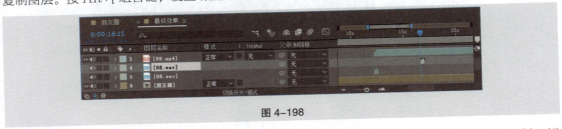

图 4-198

（11）将时间标签放置在 0:00:34:15 的位置，选中"［提示］"图层，按 Alt+[组合键，设置动画的入点。按 S 键，展开"缩放"选项，设置"缩放"选项为"0.0, 0.0%"；按住 Shift 键的同时，按 T 键，展开"不透明度"选项，设置"不透明度"选项为"0%"，分别单击"缩放"选项和"不透明度"选项左侧的"关键帧自动记录器"按钮，如图 4-199 所示，记录第 1 个关键帧。

（12）将时间标签放置在 0:00:34:20 的位置，设置"缩放"选项为"100.0, 100.0%"，设置"不透明度"选项为"100%"，如图 4-200 所示，记录第 2 个关键帧。

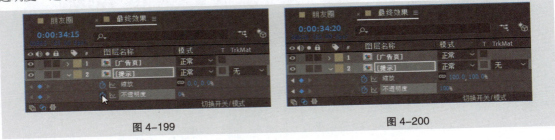

图 4-199   图 4-200

（13）在"项目"窗口中选中"触控点_点击"合成，将其拖曳到"时间轴"窗口中，并放置在"广告页"图层的下方。将时间标签放置在 0:00:35:03 的位置，按 Alt+[组合键，设置动画的入点；按 P 键，展开"位置"选项，设置"位置"选项为"440.0, 698.5"，如图 4-201 所示。

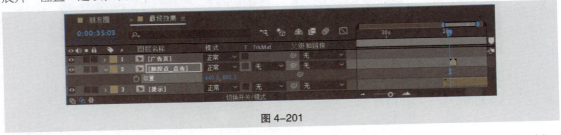

图 4-201

（14）将时间标签放置在 0:00:35:17 的位置，选中"［广告页］"图层，按 Alt+[组合键，设置动画的入点，如图 4-202 所示。

图 4-202

（15）在"项目"窗口中选中"14.mp3"文件，将其拖曳到"时间轴"窗口中，并放置在底层，如图4-203所示。

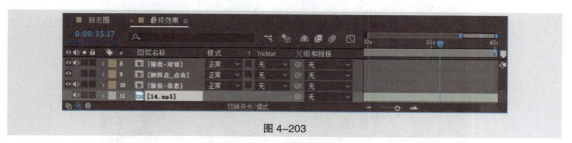

图4-203

（16）展开"［14.mp3］"图层的"音频"选项组，设置"音频电平"选项为"-15.00dB"，如图4-204所示。旅游出行H5界面动效制作完成。

图4-204

4.1.3　文件保存

选择"文件 > 保存"命令，弹出"另存为"对话框，在对话框中选择文件要保存的位置，在"文件名"文本框中输入"工程文件.aep"，其他选项的设置如图4-205所示。单击"保存"按钮，将文件保存。

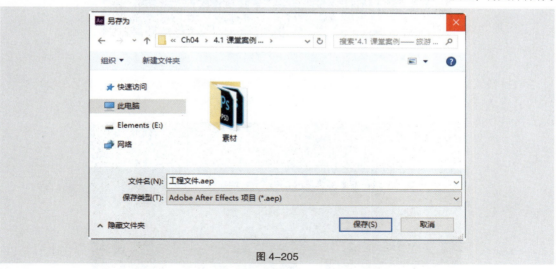

图4-205

4.1.4　渲染导出

（1）选择"合成 > 添加到 Adobe Media Encoder 队列"命令，系统自动打开 Adobe Media Encoder 软件并将文件添加到 Adobe Media Encoder 软件的"队列"窗口中，如图4-206所示。

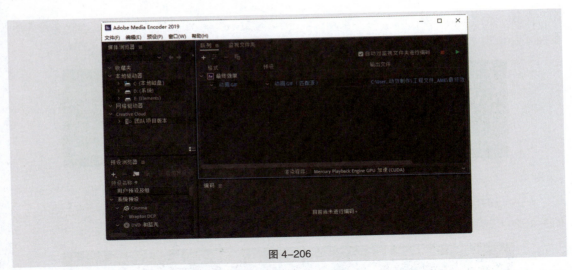

图 4-206

（2）单击"格式"选项组中的下拉按钮，在弹出的下拉列表中选择"动画 GIF"选项，其他选项的设置如图 4-207 所示。

图 4-207

（3）设置完成后单击"队列"窗口中的"启动队列"按钮，进行文件渲染，如图 4-208 所示。

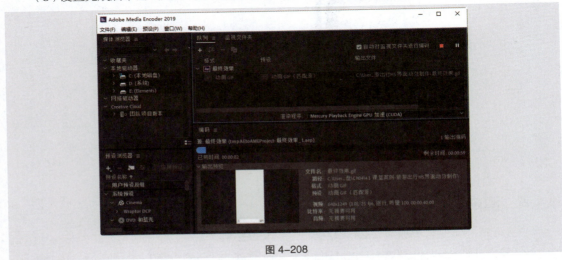

图 4-208

（4）渲染完成后在输出文件位置可以看到 GIF 动画文件，如图 4-209 所示。

图 4-209

4.2 课堂练习——汽车工业 H5 界面动效制作

【案例学习目标】学习综合使用变换属性、关键帧、图表编辑器、轨道遮罩、父集和链接、合成嵌套和预合成。

【案例知识要点】使用"椭圆工具"绘制图形，使用"添加＞位移路径"选项位移路径，使用"父集和链接"选项制作动画效果，使用"图表编辑器"按钮打开"动画曲线"调节动画的运动速度，使用"入点"和"出点"控制画面的出场时间。汽车工业 H5 界面动效制作效果如图 4-210 所示。

【效果所在位置】云盘 \Ch04\4.2 课堂练习——汽车工业 H5 界面动效制作 \ 工程文件 .aep。

图 4-210

4.3 课后习题——文化传媒 H5 界面动效制作

【案例学习目标】学习综合使用变换属性、关键帧、图表编辑器、父集和链接、效果和预设、合成嵌套和预合成。

【案例知识要点】使用"椭圆工具"绘制图形，使用"添加>位移路径"选项位移路径，使用"父集和链接"选项制作动画效果，使用"图表编辑器"按钮打开"动画曲线"调节动画的运动速度，使用"效果和预设"窗口中的效果制作文字动画，使用"入点"和"出点"控制画面的出场时间。文化传媒 H5 界面动效制作效果如图 4-211 所示。

【效果所在位置】云盘 \Ch04\4.3 课后习题——文化传媒 H5 界面动效制作 \ 工程文件 .aep。

图 4-211

05

第 5 章
Web 界面动效制作

▶ **本章介绍**

    Web 用于企业向用户传递信息，是集信息架构设计、网页图形设计、用户体验设计，以及品牌标识设计于一身的综合性界面，有着更加丰富的动效。这类动效不仅能让 Web 界面中的信息易于传达，而且能提升 Web 界面整体的趣味性，令 Web 在信息传播的过程中减轻用户的认知负担，增强愉快体验。本章从实战角度对 Web 界面动效制作的素材导入、动画制作、文件保存，以及渲染导出进行系统讲解与演练。通过本章的学习，读者可以对 Web 界面动效有基本的认识，并快速掌握制作常用 Web 界面动效的方法。

学习目标

● 掌握 Web 界面动效的素材导入方法
● 掌握 Web 界面动效的动画制作方法
● 掌握 Web 界面动效的文件保存方法
● 掌握 Web 界面动效的渲染导出方法

慕课视频

Web 界面
动效制作

5.1 课堂案例——家居装修 Web 界面动效制作

【**案例学习目标**】学习综合使用变换属性、关键帧、图表编辑器、形状蒙板、轨道遮罩、父集和链接、表达式、合成嵌套和预合成。

【**案例知识要点**】使用"椭圆工具"和"圆角矩形工具"绘制图形，添加"位移路径"来位移路径，使用"父集和链接"选项制作动画效果，使用"图表编辑器"按钮打开"动画曲线"调节动画的运动速度，使用"入点"和"出点"控制画面的出场时间，使用"表达式"命令制作动画循环效果。家居装修 Web 界面动效制作效果如图 5-1 所示。

【**效果所在位置**】云盘 \Ch05\5.1　课堂案例——家居装修 Web 界面动效制作 \ 工程文件 .aep。

174

图 5-1

5.1.1　导入素材

　　选择"文件 > 导入 > 文件"命令，在弹出的"导入文件"对话框中，选择云盘中的"Ch05\5.1　课堂案例——家居装修 Web 界面动效制作 \ 素材 \01.psd 和 02.jpg"文件，如图 5-2 所示。单击"导入"按钮，将文件导入"项目"窗口中，如图 5-3 所示。

图 5-2　　　　　　　　　　　　　　　　　　图 5-3

UI 动效设计与制作（全彩慕课版）

5.1.2 动画制作

1. 制作"触控点_点击"动画

（1）按 Ctrl+N 组合键，弹出"合成设置"对话框，在"合成名称"文本框中输入"触控点_点击"，设置"背景颜色"为白色，设置"持续时间"为"0:00:00:14"，其他选项的设置如图5-4所示。单击"确定"按钮，创建一个新的合成"触控点_点击"，如图5-5所示。

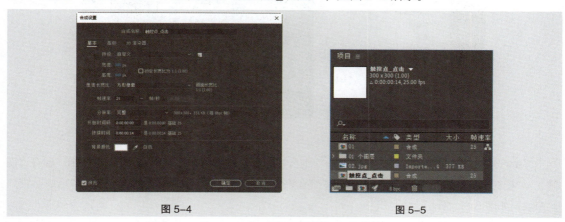

图 5-4　　　　　　　　　　　　　　　　图 5-5

（2）选择"椭圆工具" ⬤，在工具栏中设置"填充颜色"为白色，设置"描边颜色"为浅品蓝色（213、223、232），设置"描边宽度"为10像素，按住 Shift 键的同时在"合成"窗口中绘制一个圆形，如图5-6所示。在"时间轴"窗口中自动生成"形状图层 1"图层，将其命名为"触控点"，如图5-7所示。

图 5-6　　　　　　　　　　　　　　　　图 5-7

（3）展开"触控点"图层"内容 > 椭圆 1 > 椭圆路径 1"选项组，设置"大小"选项为"51.9，51.9"，如图5-8所示；展开"触控点"图层"内容 > 椭圆 1 > 填充 1"选项组，设置"不透明度"选项为"0%"，如图5-9所示。

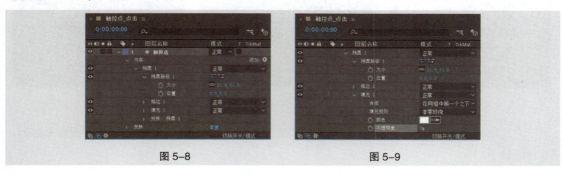

图 5-8　　　　　　　　　　　　　　　　图 5-9

（4）选中"椭圆1"选项组，单击"添加"右侧的按钮  ，在弹出的下拉列表中选择"位移路径"，如图5-10所示。在"时间轴"窗口"椭圆1"选项组中会自动添加一个"位移路径1"选项组，展开"位移路径1"选项组，设置"数量"选项为"-5.0"，如图5-11所示。

176

图 5-10　　　　　　　　　　　　图 5-11

（5）选中"椭圆1"选项组，按Ctrl+D组合键，复制选项组，生成"椭圆2"选项组。展开"椭圆2 > 椭圆路径1"选项组，设置"大小"选项为"71.9，71.9"，如图5-12所示。"合成"窗口中的效果如图5-13所示。

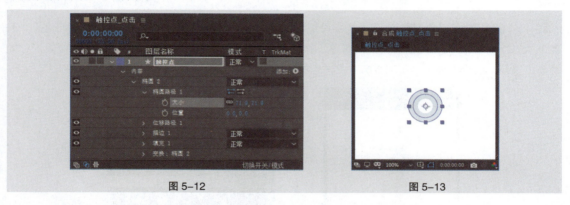

图 5-12　　　　　　　　　　　　图 5-13

（6）单击"椭圆2 > 椭圆路径1"选项组"大小"选项左侧的"关键帧自动记录器"按钮 ，如图5-14所示，记录第1个关键帧。将时间标签放置在0:00:00:04的位置，设置"大小"选项为"51.9，51.9"，如图5-15所示，记录第2个关键帧。将时间标签放置在0:00:00:14的位置，设置"大小"选项为"71.9，71.9"，如图5-16所示，记录第3个关键帧。

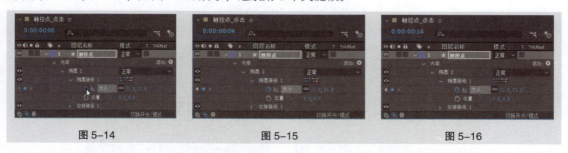

图 5-14　　　　　　　　　图 5-15　　　　　　　　　图 5-16

（7）单击"大小"选项，将该选项关键帧全部选中，按F9键，将关键帧转为缓动关键帧，如图5-17所示。

图 5-17

（8）将时间标签放置在 0:00:00:00 的位置，展开"椭圆 2 ＞ 描边 1"选项组，设置"描边宽度"选项为"0.1"，单击"描边宽度"选项左侧的"关键帧自动记录器"按钮 ◎，如图 5-18 所示，记录第 1 个关键帧。将时间标签放置在 0:00:00:04 的位置，设置"描边宽度"选项为"10.0"，如图 5-19 所示，记录第 2 个关键帧。将时间标签放置在 0:00:00:14 的位置，设置"描边宽度"选项为"0.1"，如图 5-20 所示，记录第 3 个关键帧。

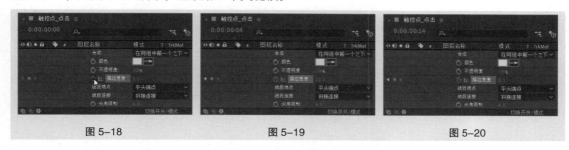

图 5-18   图 5-19   图 5-20

（9）将时间标签放置在 0:00:00:00 的位置，展开"椭圆 2＞变换：椭圆 2"选项组，设置"不透明度"选项为"0%"，单击"不透明度"选项左侧的"关键帧自动记录器"按钮 ◎，如图 5-21 所示，记录第 1 个关键帧。将时间标签放置在 0:00:00:01 的位置，设置"不透明度"选项为"100%"，如图 5-22 所示，记录第 2 个关键帧。

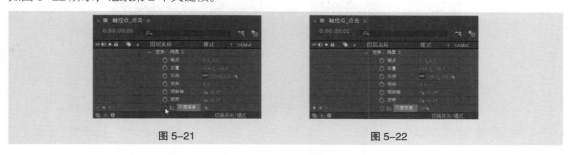

图 5-21   图 5-22

（10）将时间标签放置在 0:00:00:12 的位置，单击"不透明度"选项左侧的"在当前时间添加或移除关键帧"按钮 ◎，如图 5-23 所示，记录第 3 个关键帧。将时间标签放置在 0:00:00:14 的位置，设置"不透明度"选项为"0%"，如图 5-24 所示，记录第 4 个关键帧。

图 5-23   图 5-24

（11）单击"不透明度"选项，将该选项关键帧全部选中，按F9键，将关键帧转为缓动关键帧，如图5-25所示。

图5-25

（12）将时间标签放置在0:00:00:05的位置，单击"椭圆1 > 椭圆路径1"选项组"大小"选项左侧的"关键帧自动记录器"按钮，如图5-26所示，记录第1个关键帧。将时间标签放置在0:00:00:10的位置，设置"大小"选项为"138.9,138.9"，如图5-27所示，记录第2个关键帧。

图5-26   图5-27

（13）单击"大小"选项，将该选项关键帧全部选中，按F9键，将关键帧转为缓动关键帧。将时间标签放置在0:00:00:05的位置，单击"椭圆1 > 描边1"选项组"描边宽度"选项左侧的"关键帧自动记录器"按钮，如图5-28所示，记录第1个关键帧。将时间标签放置在0:00:00:10的位置，设置"描边宽度"选项为"0.1"，如图5-29所示，记录第2个关键帧。

图5-28   图5-29

（14）将时间标签放置在0:00:00:04的位置，展开"椭圆1 > 变换：椭圆1"选项组，设置"不透明度"选项为"0%"，单击"不透明度"选项左侧的"关键帧自动记录器"按钮，如图5-30所示，记录第1个关键帧。将时间标签放置在0:00:00:05的位置，设置"不透明度"选项为"100%"，如图5-31所示，记录第2个关键帧。

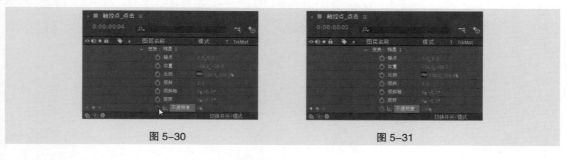

图5-30   图5-31

（15）将时间标签放置在 0 : 00 : 00 : 08 的位置，单击"不透明度"选项左侧的"在当前时间添加或移除关键帧"按钮█，如图 5-32 所示，记录第 3 个关键帧。将时间标签放置在 0 : 00 : 00 : 10 的位置，设置"不透明度"选项为"0%"，如图 5-33 所示，记录第 4 个关键帧。

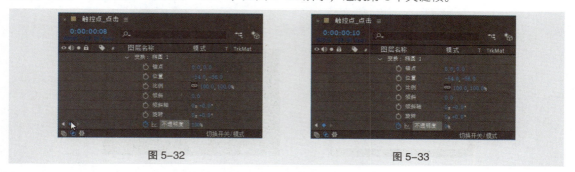

图 5-32   图 5-33

（16）单击"不透明度"选项，将该选项关键帧全部选中，按 F9 键，将关键帧转为缓动关键帧，如图 5-34 所示。选中"触控点"图层，按 P 键，展开"位置"选项，设置"位置"选项为"150.0，150.0"，如图 5-35 所示。

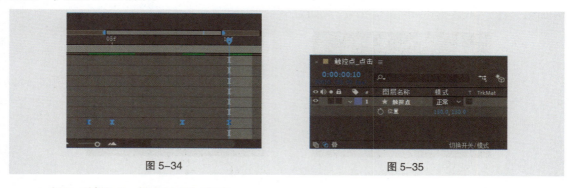

图 5-34   图 5-35

2. 制作"触控点 _ 纵向滑动"动画

（1）按 Ctrl+N 组合键，弹出"合成设置"对话框，在"合成名称"文本框中输入"触控点 _ 纵向滑动"，设置"背景颜色"为白色，其他选项的设置如图 5-36 所示。单击"确定"按钮，创建一个新的合成"触控点 _ 纵向滑动"，如图 5-37 所示。

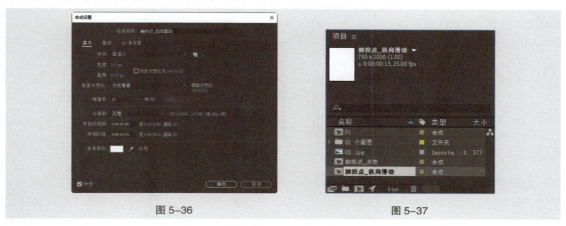

图 5-36   图 5-37

（2）选择"圆角矩形工具"█，在工具栏中设置"填充颜色"为白色，设置"描边颜色"为浅品蓝色（213、223、232），设置"描边宽度"为10像素，按住Shift键的同时在"合成"窗口中绘制一个圆角矩形，如图5-38所示。在"时间轴"窗口中自动生成"形状图层1"图层，将其命名为"触控点"，如图5-39所示。

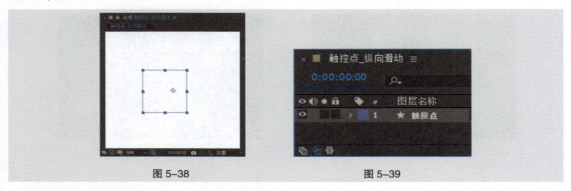

图5-38   图5-39

（3）展开"触控点"图层"内容 > 矩形 1 > 矩形路径 1"选项组，设置"大小"选项为"51.9，51.9"，设置"圆度"选项为"70.0"，如图5-40所示；展开"触控点"图层"内容 > 矩形 1 > 填充 1"选项组，设置"不透明度"选项为"0%"，如图5-41所示。

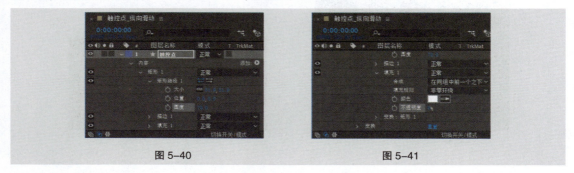

图5-40   图5-41

（4）选中"触控点"图层，选择"向后平移（锚点）工具" ，在"合成"窗口中拖曳中心点到适当的位置，如图5-42所示。

（5）选中"矩形 1"选项组，单击"添加"右侧的按钮 ，在弹出的下拉列表中选择"位移路径"。在"时间轴"窗口"矩形 1"选项组中会自动添加一个"位移路径 1"选项组，展开"位移路径 1"选项组，设置"数量"选项为"-5.0"，如图5-43所示。

图5-42   图5-43

（6）展开"触控点"图层"内容 > 矩形 1 > 描边 1"选项组，设置"描边宽度"选项为"3.0"，单击"描边宽度"选项左侧的"关键帧自动记录器"按钮 ，如图5-44所示，记录第1个关键帧。将时间标签放置在0:00:00:03的位置，设置"描边宽度"选项为"6.0"，如图5-45所示，记录第2个关键帧。

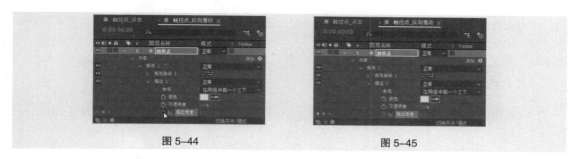

图 5-44   图 5-45

（7）将时间标签放置在 0:00:00:12 的位置，单击"描边宽度"选项左侧的"在当前时间添加或移除关键帧"按钮 █，如图 5-46 所示，记录第 3 个关键帧。将时间标签放置在 0:00:00:15 的位置，设置"描边宽度"选项为"3.0"，如图 5-47 所示，记录第 4 个关键帧。

图 5-46   图 5-47

（8）将时间标签放置在 0:00:00:06 的位置，单击"矩形路径 1"选项组"大小"选项左侧的"关键帧自动记录器"按钮 █，如图 5-48 所示，记录第 1 个关键帧。将时间标签放置在 0:00:00:09 的位置，设置"大小"选项为"51.9，94.9"，如图 5-49 所示，记录第 2 个关键帧。将时间标签放置在 0:00:00:12 的位置，设置"大小"选项为"51.9，51.9"，如图 5-50 所示，记录第 3 个关键帧。

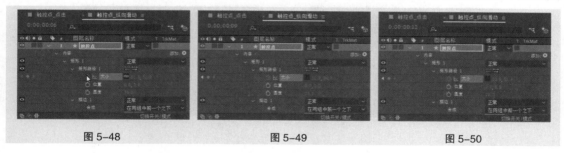

图 5-48   图 5-49   图 5-50

（9）将时间标签放置在 0:00:00:06 的位置，单击"矩形路径 1"选项组"位置"选项左侧的"关键帧自动记录器"按钮 █，如图 5-51 所示，记录第 1 个关键帧。将时间标签放置在 0:00:00:12 的位置，设置"位置"选项为"0.0，−260.0"，如图 5-52 所示，记录第 2 个关键帧。

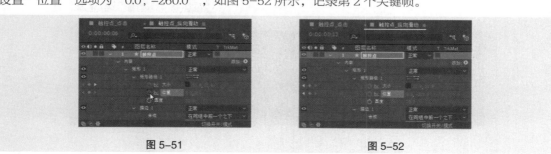

图 5-51   图 5-52

（10）单击"位置"选项，将该选项关键帧全部选中，如图5-53所示。按F9键，将关键帧转为缓动关键帧，如图5-54所示。

图 5-53   图 5-54

（11）将时间标签放置在0:00:00:00的位置，展开"矩形1 > 变换：矩形1"选项组，设置"不透明度"选项为"0%"，单击"不透明度"选项左侧的"关键帧自动记录器"按钮 ⬢，如图5-55所示，记录第1个关键帧。将时间标签放置在0:00:00:03的位置，设置"不透明度"选项为"100%"，如图5-56所示，记录第2个关键帧。

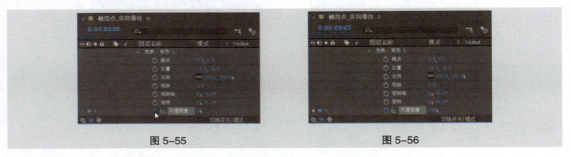

图 5-55   图 5-56

（12）将时间标签放置在0:00:00:12的位置，单击"不透明度"选项左侧的"在当前时间添加或移除关键帧"按钮 ◆，如图5-57所示，记录第3个关键帧。将时间标签放置在0:00:00:15的位置，设置"不透明度"选项为"0%"，如图5-58所示，记录第4个关键帧。

图 5-57   图 5-58

（13）将时间标签放置在0:00:00:09的位置，选中"触控点"图层，按P键，展开"位置"选项，设置"位置"选项为"374.8，526.3"，如图5-59所示。"合成"窗口中的效果如图5-60所示。

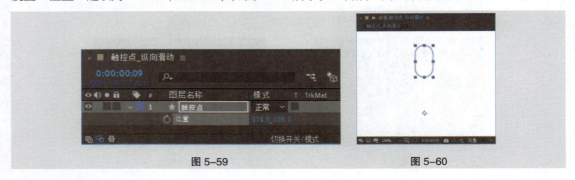

图 5-59   图 5-60

3. 制作"Banner_1"动画

（1）在"项目"窗口中双击"01"合成，进入合成编辑窗口。按 Ctrl+K 组合键，在弹出的"合成设置"对话框中进行设置，如图 5-61 所示。单击"确定"按钮完成设置。

（2）在"时间轴"窗口中双击"banner 区"图层，进入"banner 区"合成窗口。按 Ctrl+K 组合键，在弹出的"合成设置"对话框中进行设置，如图 5-62 所示。单击"确定"按钮完成设置。

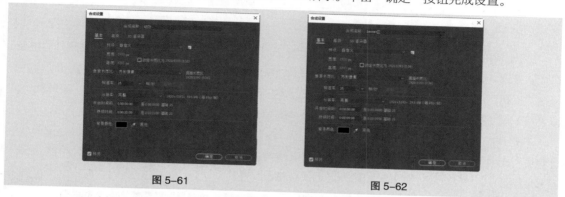

图 5-61　　　　　　　　　　　　　　图 5-62

（3）在"时间轴"窗口中双击"Banner_1"图层，进入"Banner_1"合成编辑窗口中。按 Ctrl+K 组合键，在弹出的"合成设置"对话框中进行设置，如图 5-63 所示。单击"确定"按钮完成设置。

（4）选中"新品上市"图层，按 P 键，展开"位置"选项，设置"位置"选项为"933.5，421.5"；按住 Shift 键的同时，按 T 键，展开"不透明度"选项，设置"不透明度"选项为"0%"，如图 5-64 所示。

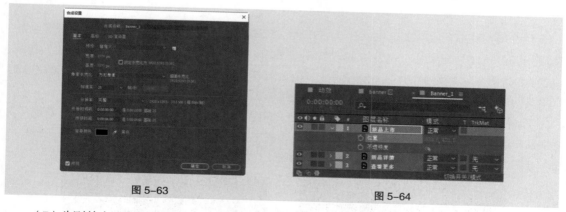

图 5-63　　　　　　　　　　　　　　图 5-64

（5）分别单击"位置"选项和"不透明度"选项左侧的"关键帧自动记录器"按钮，如图 5-65 所示，记录第 1 个关键帧。将时间标签放置在 0:00:00:08 的位置，设置"位置"选项为"933.5，384.5"，设置"不透明度"选项为"100%"，如图 5-66 所示，记录第 2 个关键帧。

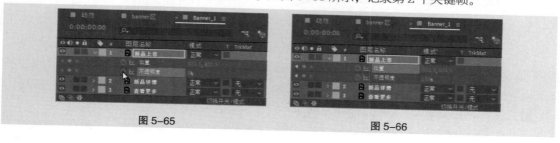

图 5-65　　　　　　　　　　　　　　图 5-66

（6）单击"位置"选项，将该选项关键帧全部选中，如图5-67所示。按F9键，将关键帧转为缓动关键帧，如图5-68所示。

图5-67　　　　　　　　　　　　图5-68

（7）将时间标签放置在0:00:00:03的位置，选中"新品详情"图层，按P键，展开"位置"选项，设置"位置"选项为"960.0，572.5"；按住Shift键的同时，按T键，展开"不透明度"选项，设置"不透明度"选项为"0%"，分别单击"位置"选项和"不透明度"选项左侧的"关键帧自动记录器"按钮，如图5-69所示，记录第1个关键帧。

（8）将时间标签放置在0:00:00:12的位置，设置"位置"选项为"960.0，550.5"，设置"不透明度"选项为"100%"，如图5-70所示，记录第2个关键帧。单击"位置"选项，将该选项关键帧全部选中。按F9键，将关键帧转为缓动关键帧。

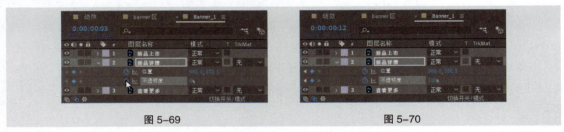

图5-69　　　　　　　　　　　　图5-70

（9）将时间标签放置在0:00:00:07的位置，选中"查看更多"图层，按P键，展开"位置"选项，设置"位置"选项为"960.0，740.5"；按住Shift键的同时，按T键，展开"不透明度"选项，设置"不透明度"选项为"0%"，分别单击"位置"选项和"不透明度"选项左侧的"关键帧自动记录器"按钮，如图5-71所示，记录第1个关键帧。

（10）将时间标签放置在0:00:00:17的位置，设置"位置"选项为"960.0，703.5"，设置"不透明度"选项为"100%"，如图5-72所示，记录第2个关键帧。单击"位置"选项，将该选项关键帧全部选中。按F9键，将关键帧转为缓动关键帧。

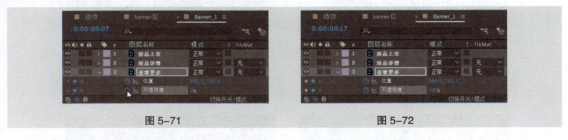

图5-71　　　　　　　　　　　　图5-72

（11）将时间标签放置在0:00:00:07的位置，选中"台灯2"图层，按P键，展开"位置"选项，设置"位置"选项为"295.0，768.0"；按住Shift键的同时，按T键，展开"不透明度"选项，设置"不透明度"选项为"0%"，分别单击"位置"选项和"不透明度"选项左侧的"关键帧自动记录器"按钮，如图5-73所示，记录第1个关键帧。

（12）将时间标签放置在0:00:00:17的位置，设置"位置"选项为"391.0，768.0"，设置"不透明度"选项为"100%",如图 5-74 所示,记录第 2 个关键帧。单击"不透明度"选项,将该选项关键帧全部选中。按 F9 键,将关键帧转为缓动关键帧。

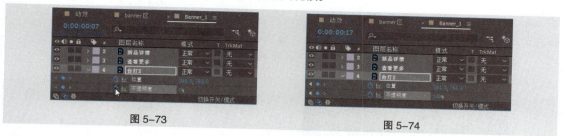

图 5-73　　　　　　　　　　　　　　　　图 5-74

（13）在"时间轴"窗口中,单击"图表编辑器"按钮，进入图表编辑器窗口中,如图 5-75 所示。拖曳控制点到适当的位置,如图 5-76 所示。再次单击"图表编辑器"按钮，退出图表编辑器。

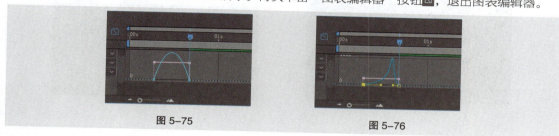

图 5-75　　　　　　　　　　　　　　　　图 5-76

（14）将时间标签放置在 0:00:00:07 的位置,选中"台灯 1"图层,按 P 键,展开"位置"选项,设置"位置"选项为"1523.0,599.0";按住 Shift 键的同时,按 T 键,展开"不透明度"选项,设置"不透明度"选项为"0%",分别单击"位置"选项和"不透明度"选项左侧的"关键帧自动记录器"按钮，如图 5-77 所示,记录第 1 个关键帧。

（15）将时间标签放置在 0:00:00:17 的位置,设置"位置"选项为"1453.0,599.0",设置"不透明度"选项为"100%",如图 5-78 所示,记录第 2 个关键帧。单击"不透明度"选项,将该选项关键帧全部选中。按 F9 键,将关键帧转为缓动关键帧。

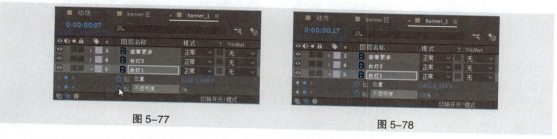

图 5-77　　　　　　　　　　　　　　　　图 5-78

（16）在"时间轴"窗口中,单击"图表编辑器"按钮，进入图表编辑器窗口中,如图 5-79 所示。拖曳控制点到适当的位置,如图 5-80 所示。再次单击"图表编辑器"按钮，退出图表编辑器。

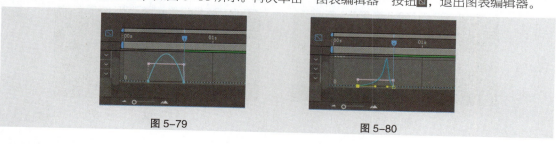

图 5-79　　　　　　　　　　　　　　　　图 5-80

4. 制作 "Banner-2" 动画

（1）进入 "banner 区" 合成窗口中。在 "时间轴" 窗口中双击 "Banner-2" 图层，进入 "Banner-2" 合成编辑窗口中。按 Ctrl+K 组合键，在弹出的 "合成设置" 对话框中进行设置，如图 5-81 所示。单击 "确定" 按钮完成设置。

（2）选中 "底图" 图层，按 T 键，展开 "不透明度" 选项，设置 "不透明度" 选项为 "0%"，如图 5-82 所示。

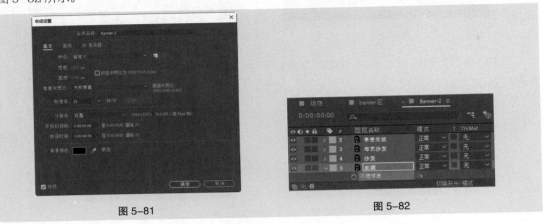

<table>
<tr><td>图 5-81</td><td>图 5-82</td></tr>
</table>

（3）单击 "不透明度" 选项左侧的 "关键帧自动记录器" 按钮，如图 5-83 所示，记录第 1 个关键帧。将时间标签放置在 0:00:00:05 的位置，设置 "不透明度" 选项为 "100%"，如图 5-84 所示，记录第 2 个关键帧。

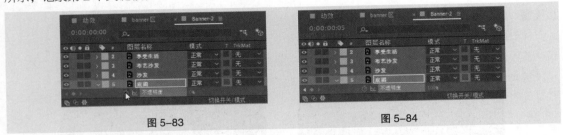

<table>
<tr><td>图 5-83</td><td>图 5-84</td></tr>
</table>

（4）将时间标签放置在 0:00:00:17 的位置，选中 "沙发" 图层，按 P 键，展开 "位置" 选项，设置 "位置" 选项为 "1554.0，612.5"；按住 Shift 键的同时，按 T 键，展开 "不透明度" 选项，设置 "不透明度" 选项为 "0%"，分别单击 "位置" 选项和 "不透明度" 选项左侧的 "关键帧自动记录器" 按钮，如图 5-85 所示，记录第 1 个关键帧。

（5）将时间标签放置在 0:00:01:11 的位置，设置 "位置" 选项为 "1406.0，612.5"，设置 "不透明度" 选项为 "100%"，如图 5-86 所示，记录第 2 个关键帧。

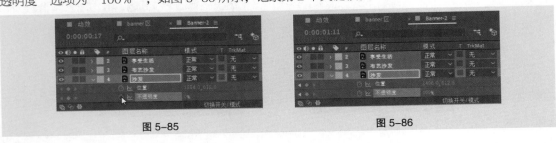

<table>
<tr><td>图 5-85</td><td>图 5-86</td></tr>
</table>

（6）选中"位置"选项和"不透明度"选项的所有关键帧，如图 5-87 所示。按 F9 键，将关键帧转为缓动关键帧，如图 5-88 所示。

图 5-87   图 5-88

（7）在"时间轴"窗口中，单击"图表编辑器"按钮，进入图表编辑器窗口中，如图 5-89 所示。拖曳"不透明度"选项控制点到适当的位置，如图 5-90 所示。再次单击"图表编辑器"按钮，退出图表编辑器。

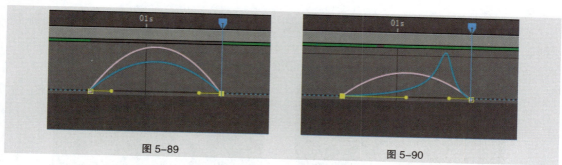

图 5-89   图 5-90

（8）将时间标签放置在 0:00:00:08 的位置，选中"布艺沙发"图层，按 P 键，展开"位置"选项，设置"位置"选项为"539.0，364.5"；按住 Shift 键的同时，按 T 键，展开"不透明度"选项，设置"不透明度"选项为"0%"，分别单击"位置"选项和"不透明度"选项左侧的"关键帧自动记录器"按钮，如图 5-91 所示，记录第 1 个关键帧。

（9）将时间标签放置在 0:00:00:21 的位置，设置"位置"选项为"467.0，364.5"，设置"不透明度"选项为"100%"，如图 5-92 所示，记录第 2 个关键帧。单击"位置"选项，将该选项关键帧全部选中。按 F9 键，将关键帧转为缓动关键帧。

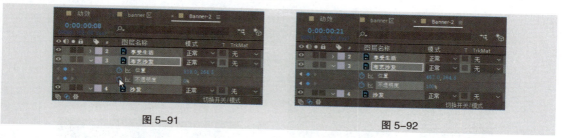

图 5-91   图 5-92

（10）将时间标签放置在 0:00:00:14 位置，选中"享受生活"图层，按 P 键，展开"位置"选项，设置"位置"选项为"714.0，521.0"；按住 Shift 键的同时，按 T 键，展开"不透明度"选项，设置"不透明度"选项为"0%"，分别单击"位置"选项和"不透明度"选项左侧的"关键帧自动记录器"按钮，如图 5-93 所示，记录第 1 个关键帧。

（11）将时间标签放置在 0:00:01:02 的位置，设置"位置"选项为"608.0，521.0"，设置"不透明度"选项为"100%"，如图 5-94 所示，记录第 2 个关键帧。单击"位置"选项，将该选项关键帧全部选中。按 F9 键，将关键帧转为缓动关键帧。

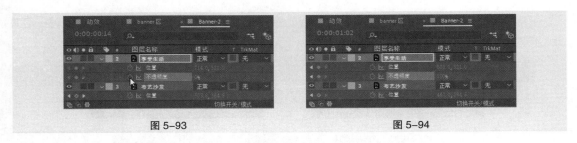

图 5-93　　　　　　　　　　　　　　　　图 5-94

（12）将时间标签放置在 0:00:00:17 位置，选中"查看更多"图层，按 P 键，展开"位置"选项，设置"位置"选项为"358.0，663.5"；按住 Shift 键的同时，按 T 键，展开"不透明度"选项，设置"不透明度"选项为"0%"，分别单击"位置"选项和"不透明度"选项左侧的"关键帧自动记录器"按钮，如图 5-95 所示，记录第 1 个关键帧。

（13）将时间标签放置在 0:00:01:02 的位置，设置"位置"选项为"299.0，663.5"，设置"不透明度"选项为"100%"，如图 5-96 所示，记录第 2 个关键帧。单击"位置"选项，将该选项关键帧全部选中。按 F9 键，将关键帧转为缓动关键帧。

图 5-95　　　　　　　　　　　　　　　　图 5-96

5. 制作"Banner-3"动画

（1）进入"banner 区"合成窗口中。在"时间轴"窗口中双击"Banner-3"图层，进入"Banner-3"合成编辑窗口中。按 Ctrl+K 组合键，在弹出的"合成设置"对话框中进行设置，如图 5-97 所示。单击"确定"按钮完成设置。

（2）选中"底图"图层，按 T 键，展开"不透明度"选项，设置"不透明度"选项为"0%"，如图 5-98 所示。

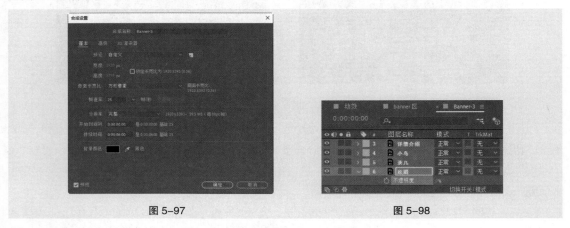

图 5-97　　　　　　　　　　　　　　　　图 5-98

（3）单击"不透明度"选项左侧的"关键帧自动记录器"按钮，如图 5-99 所示，记录第 1 个关键帧。将时间标签放置在 0:00:00:00 的位置，设置"不透明度"选项为"100%"，如图 5-100

所示,记录第 2 个关键帧。

图 5-99   图 5-100

(4)将时间标签放置在 0:00:00:15 的位置,选中"茶几"图层,按 P 键,展开"位置"选项,设置"位置"选项为"891.5, 697.5";按住 Shift 键的同时,按 T 键,展开"不透明度"选项,设置"不透明度"选项为"0%",分别单击"位置"选项和"不透明度"选项左侧的"关键帧自动记录器"按钮,如图 5-101 所示,记录第 1 个关键帧。

(5)将时间标签放置在 0:00:01:03 的位置,设置"位置"选项为"581.5, 697.5",设置"不透明度"选项为"100%",如图 5-102 所示,记录第 2 个关键帧。

图 5-101   图 5-102

(6)选中"位置"选项和"不透明度"选项的所有关键帧,如图 5-103 所示。按 F9 键,将关键帧转为缓动关键帧,如图 5-104 所示。

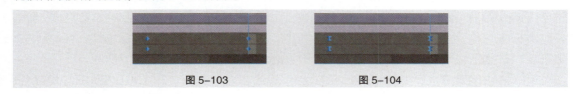

图 5-103   图 5-104

(7)在"时间轴"窗口中,单击"图表编辑器"按钮,进入图表编辑器窗口中,如图 5-105 所示。拖曳"不透明度"选项控制点到适当的位置,如图 5-106 所示。再次单击"图表编辑器"按钮,退出图表编辑器。

图 5-105   图 5-106

(8)将时间标签放置在 0:00:00:17 的位置,选中"小鸟"图层,按 P 键,展开"位置"选项,设置"位置"选项为"1111.0, 850.5";按住 Shift 键的同时,按 T 键,展开"不透明度"选项,设置"不透明度"选项为"0%",分别单击"位置"选项和"不透明度"选项左侧的"关键帧自动记录器"

按钮 🔵，如图 5-107 所示，记录第 1 个关键帧。

（9）将时间标签放置在 0:00:01:03 的位置，设置"位置"选项为"1192.0，850.5"，设置"不透明度"选项为"100%"，如图 5-108 所示，记录第 2 个关键帧。

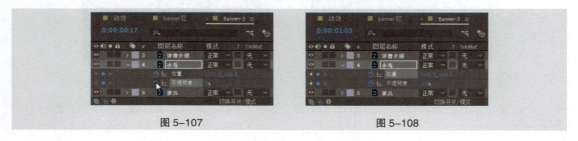

图 5-107   图 5-108

（10）选中"位置"选项和"不透明度"选项的所有关键帧。按 F9 键，将关键帧转为缓动关键帧。

（11）在"时间轴"窗口中，单击"图表编辑器"按钮 🔵，进入图表编辑器窗口中，如图 5-109 所示。拖曳"不透明度"选项控制点到适当的位置，如图 5-110 所示。再次单击"图表编辑器"按钮 🔵，退出图表编辑器。

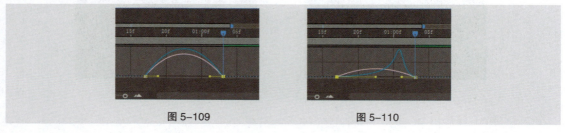

图 5-109   图 5-110

（12）将时间标签放置在 0:00:00:12 的位置，选中"详情介绍"图层，按 P 键，展开"位置"选项，设置"位置"选项为"1335.5，522.0"；按住 Shift 键的同时，按 T 键，展开"不透明度"选项，设置"不透明度"选项为"0%"，分别单击"位置"选项和"不透明度"选项左侧的"关键帧自动记录器"按钮 🔵，如图 5-111 所示，记录第 1 个关键帧。

（13）将时间标签放置在 0:00:00:20 的位置，设置"位置"选项为"1374.5，522.0"，设置"不透明度"选项为"100%"，如图 5-112 所示，记录第 2 个关键帧。单击"位置"选项，将该选项关键帧全部选中。按 F9 键，将关键帧转为缓动关键帧。

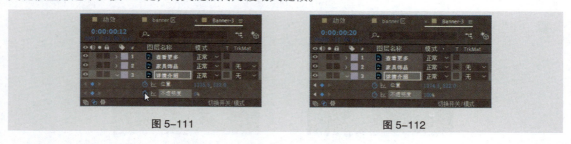

图 5-111   图 5-112

（14）将时间标签放置在 0:00:00:08 的位置，选中"家具饰品"图层，按 P 键，展开"位置"选项，设置"位置"选项为"1390.5，366.0"；按住 Shift 键的同时，按 T 键，展开"不透明度"选项，设置"不透明度"选项为"0%"，分别单击"位置"选项和"不透明度"选项左侧的"关键帧自动记录器"按钮 🔵，如图 5-113 所示，记录第 1 个关键帧。

（15）将时间标签放置在 0：00：00：18 的位置，设置"位置"选项为"1456.5，366.0"，设置"不透明度"选项为"100%"，如图 5-114 所示，记录第 2 个关键帧。单击"位置"选项，将该选项关键帧全部选中。按 F9 键，将关键帧转为缓动关键帧。

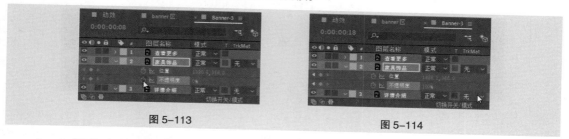

图 5-113   图 5-114

（16）将时间标签放置在 0：00：00：15 的位置，选中"查看更多"图层，按 P 键，展开"位置"选项，设置"位置"选项为"1586.0，664.5"；按住 Shift 键的同时，按 T 键，展开"不透明度"选项，设置"不透明度"选项为"0%"，分别单击"位置"选项和"不透明度"选项左侧的"关键帧自动记录器"按钮，如图 5-115 所示，记录第 1 个关键帧。

（17）将时间标签放置在 0：00：00：23 的位置，设置"位置"选项为"1623.0，664.5"，设置"不透明度"选项为"100%"，如图 5-116 所示，记录第 2 个关键帧。单击"位置"选项，将该选项关键帧全部选中。按 F9 键，将关键帧转为缓动关键帧。

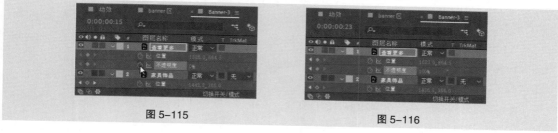

图 5-115   图 5-116

6. 制作"滑动轴"和"下一个"动画

（1）进入"banner 区"合成窗口中。在"时间轴"窗口中双击"滑动轴"图层，进入"滑动轴"合成编辑窗口中。按 Ctrl+K 组合键，在弹出的"合成设置"对话框中进行设置，如图 5-117 所示。单击"确定"按钮完成设置。

（2）选中"当前页"图层，按 P 键，展开"位置"选项，如图 5-118 所示。

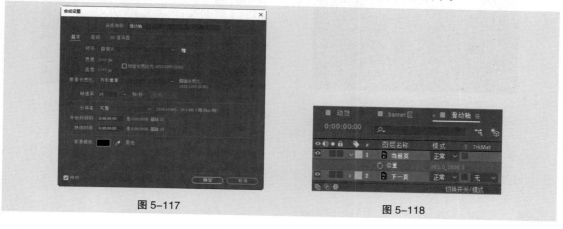

图 5-117   图 5-118

（3）将时间标签放置在 0:00:03:00 的位置，单击"位置"选项左侧的"关键帧自动记录器"按钮🕘，如图 5-119 所示，记录第 1 个关键帧。将时间标签放置在 0:00:03:01 的位置，设置"位置"选项为"1028.0，2696.5"，如图 5-120 所示，记录第 2 个关键帧。

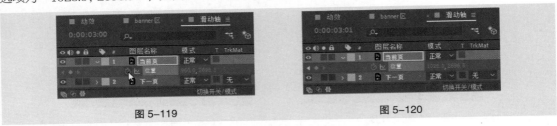

图 5-119   图 5-120

（4）将时间标签放置在 0:00:06:00 的位置，单击"位置"选项左侧的"在当前时间添加或移除关键帧"按钮◆，如图 5-121 所示，记录第 3 个关键帧。将时间标签放置在 0:00:06:01 的位置，设置"位置"选项为"1095.0，2696.5"，如图 5-122 所示，记录第 4 个关键帧。

图 5-121   图 5-122

（5）进入"banner 区"合成窗口中。在"时间轴"窗口中双击"滑动轴"图层，进入"滑动轴"合成编辑窗口中。按 Ctrl+K 组合键，在弹出的"合成设置"对话框中进行设置，如图 5-123 所示。单击"确定"按钮完成设置。

（6）将时间标签放置在 0:00:05:13 的位置，选中"下一个"图层，按 T 键，展开"不透明度"选项，如图 5-124 所示。

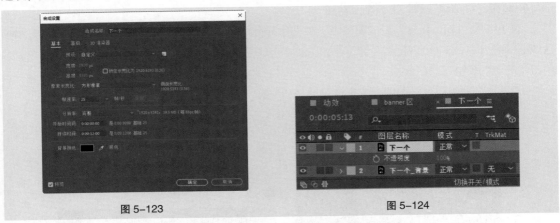

图 5-123   图 5-124

（7）单击"不透明度"选项左侧的"关键帧自动记录器"按钮🕘，如图 5-125 所示，记录第 1 个关键帧。将时间标签放置在 0:00:05:16 的位置，设置"不透明度"选项为"50％"，如图 5-126 所示，记录第 2 个关键帧。

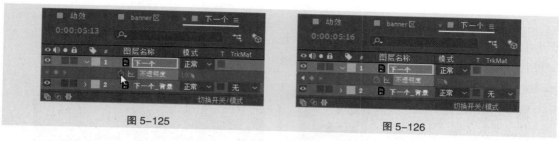

图 5-125   图 5-126

（8）进入"banner区"合成窗口中。将时间标签放置在 0:00:03:00 的位置，选中"Banner-2"图层，按 Alt+[组合键，设置动画的入点。将时间标签放置在 0:00:06:00 的位置，选中"Banner-3"图层，按 Alt+[组合键，设置动画的入点，如图 5-127 所示。

图 5-127

7. 制作"查看更多"动画

（1）进入"banner区"合成窗口中。在"时间轴"窗口中双击"查看更多"图层，进入"查看更多"合成编辑窗口中。按 Ctrl+K 组合键，在弹出的"合成设置"对话框中进行设置，如图 5-128 所示。单击"确定"按钮完成设置。

（2）选中"查看更多_点击"图层，按 T 键，展开"不透明度"选项，设置"不透明度"选项为"0%"，如图 5-129 所示。

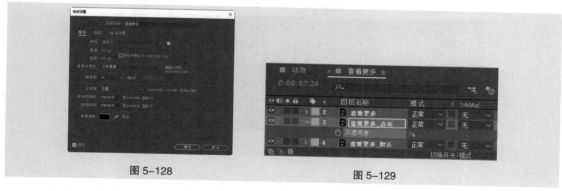

图 5-128   图 5-129

（3）单击"不透明度"选项左侧的"关键帧自动记录器"按钮，如图 5-130 所示，记录第 1 个关键帧。将时间标签放置在 0:00:00:04 的位置，设置"不透明度"选项为"100%"，如图 5-131 所示，记录第 2 个关键帧。

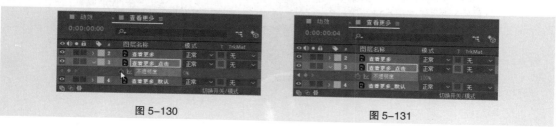

图 5-130   图 5-131

（4）将时间标签放置在 0:00:00:00 的位置，选中"更多"图层，按 P 键，展开"位置"选项，单击"位置"选项左侧的"关键帧自动记录器"按钮 ，如图 5-132 所示，记录第 1 个关键帧。将时间标签放置在 0:00:00:08 的位置，设置"位置"选项为"984.0，2696.5"，如图 5-133 所示，记录第 2 个关键帧。

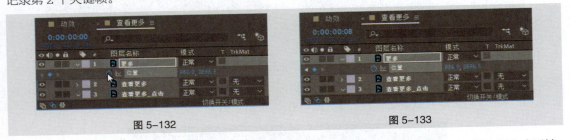

图 5-132　　　　　　　　　　　图 5-133

（5）按住 Alt 键的同时，单击"位置"选项左侧的"关键帧自动记录器"按钮 ，激活表达式属性，在表达式文本框中输入"loopOut(type="cycle", numkeyframes=0)"，如图 5-134 所示。

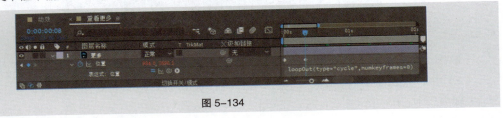

图 5-134

8. 制作"动效"动画

（1）进入"动效"合成窗口中。分别将"导航栏_默认"图层、"［内容区］"图层和"页脚"图层的"父集和链接"选项设置为"7.banner 区"，如图 5-135 所示。

图 5-135

（2）选中"［banner 区］"图层，选中"点击"图层，选择"图层 > 时间 > 启用时间重映射"命令，将时间标签放置在 0:00:12:00 的位置，按住 Shift 键的同时拖曳第 2 个关键帧到时间标签所在的位置，如图 5-136 所示。

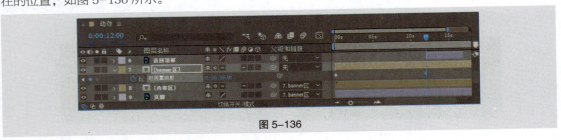

图 5-136

194

（3）按住 Alt 键的同时，单击"时间重映射"选项左侧的"关键帧自动记录器"按钮🔘，激活表达式属性。在表达式文本框中输入"loopOut(type="cycle", numkeyframes=0)"，如图 5-137 所示。

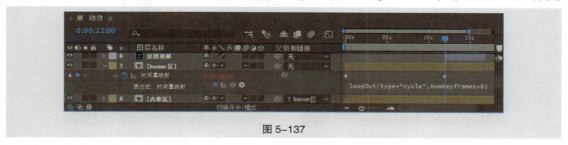

图 5-137

（4）将时间标签放置在 0:00:08:00 的位置，设置"时间重映射"选项为"0:00:08:00"。按 P 键，展开"位置"选项，设置"位置"选项为"960.0, 2696.5"，单击"位置"选项左侧的"关键帧自动记录器"按钮🔘，如图 5-138 所示，记录第 1 个关键帧。将时间标签放置在 0:00:09:04 的位置，设置"位置"选项为"960.0, 1619.9"，如图 5-139 所示，记录第 2 个关键帧。

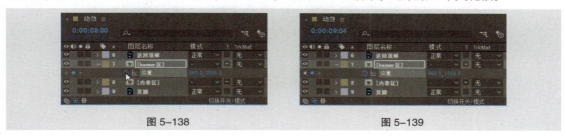

图 5-138   图 5-139

（5）将时间标签放置在 0:00:09:19 的位置，单击"位置"选项左侧的"在当前时间添加或移除关键帧"按钮🔘，如图 5-140 所示，记录第 3 个关键帧。将时间标签放置在 0:00:10:23 的位置，设置"位置"选项为"960.0, 240.9"，如图 5-141 所示，记录第 4 个关键帧。

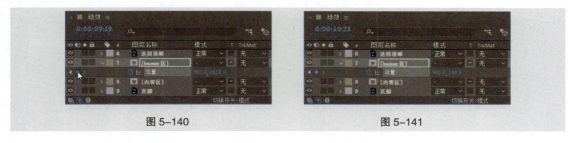

图 5-140   图 5-141

（6）将时间标签放置在 0:00:11:12 的位置，单击"位置"选项左侧的"在当前时间添加或移除关键帧"按钮🔘，如图 5-142 所示，记录第 5 个关键帧。将时间标签放置在 0:00:12:15 的位置，设置"位置"选项为"960.0, −1618.1"，如图 5-143 所示，记录第 6 个关键帧。

图 5-142   图 5-143

（7）将时间标签放置在 0:00:13:20 的位置，单击"位置"选项左侧的"在当前时间添加或移除关键帧"按钮■，如图 5-144 所示，记录第 7 个关键帧。将时间标签放置在 0:00:14:04 的位置，设置"位置"选项为"960.0，2692.9"，如图 5-145 所示，记录第 8 个关键帧。

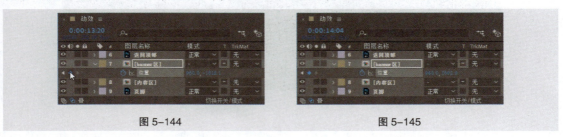

图 5-144   图 5-145

（8）将时间标签放置在 0:00:10:13 的位置，选中"本期产品 _ 底图"图层，按 Alt+ [组合键，设置动画的入点。将时间标签放置在 0:00:13:24 的位置，按 Alt+] 组合键，设置动画的出点，如图 5-146 所示。

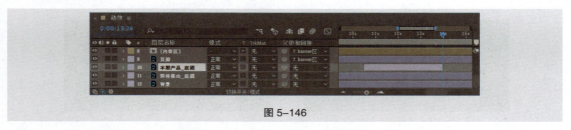

图 5-146

（9）将时间标签放置在 0:00:11:12 的位置，按 P 键，展开"位置"选项，设置"位置"选项为"950.5，1485.5"，单击"位置"选项左侧的"关键帧自动记录器"按钮■，如图 5-147 所示，记录第 1 个关键帧。将时间标签放置在 0:00:11:18 的位置，设置"位置"选项为"950.5，557.5"，如图 5-148 所示，记录第 2 个关键帧。

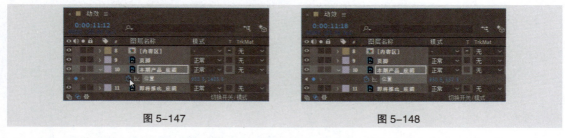

图 5-147   图 5-148

（10）将时间标签放置在 0:00:13:19 的位置，设置"位置"选项为"950.5，610.5"，如图 5-149 所示，记录第 3 个关键帧。将时间标签放置在 0:00:13:22 的位置，设置"位置"选项为"950.5，666.2"，如图 5-150 所示，记录第 4 个关键帧。

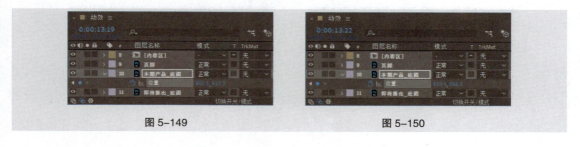

图 5-149   图 5-150

（11）将时间标签放置在 0:00:13:23 的位置，设置"位置"选项为"950.5，927.5"，如图 5-151 所示，记录第 5 个关键帧。

（12）选中"即将推出_底图"图层，按 P 键，展开"位置"选项，设置"位置"选项为"960.5，610.5"，如图 5-152 所示。

图 5-151 　　　　　　　　　　　　图 5-152

（13）将时间标签放置在 0:00:12:02 的位置，选中"返回顶部"图层，按 Alt+ [组合键，设置动画的入点。将时间标签放置在 0:00:16:23 的位置，按 Alt+] 组合键，设置动画的出点，如图 5-153 所示。按 P 键，展开"位置"选项，设置"位置"选项为"960.0，2180.5"。

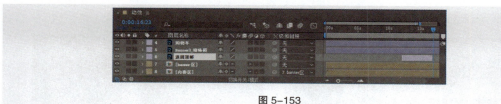

图 5-153

（14）将时间标签放置在 0:00:15:18 的位置，选中"Banner3_缩略图"图层，按 T 键，展开"不透明度"选项，设置"不透明度"选项为"0%"，单击"不透明度"选项左侧的"关键帧自动记录器"按钮，如图 5-154 所示，记录第 1 个关键帧。将时间标签放置在 0:00:15:21 的位置，设置"不透明度"选项为"100%"，如图 5-155 所示，记录第 2 个关键帧。

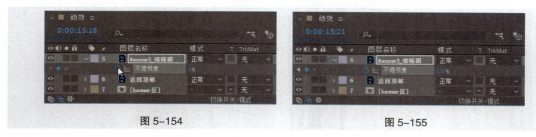

图 5-154 　　　　　　　　　　　　图 5-155

（15）展开"项目"窗口中的"01 个图层"文件夹，选中"Banner-3"合成，将其拖曳到"时间轴"窗口中，并放置在"导航栏_滑动"图层的下方，如图 5-156 所示。按 Alt+[组合键，设置动画的入点，如图 5-157 所示。

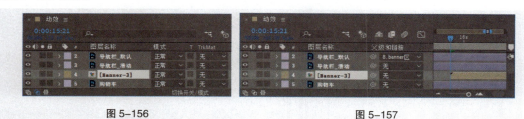

图 5-156 　　　　　　　　　　　　图 5-157

（16）将时间标签放置在 0:00:16:02 的位置，按 Alt+ [组合键，裁剪素材并设置动画的入点，如图 5-158 所示。

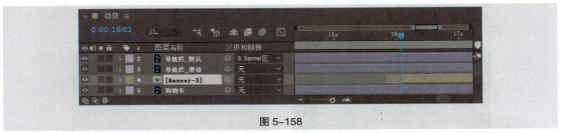

图 5-158

（17）将时间标签放置在 0:00:09:08 的位置，选中"导航栏_滑动"图层，按 Alt+[组合键，设置动画的入点。将时间标签放置在 0:00:14:11 的位置，按 Alt+] 组合键，设置动画的出点。

（18）将时间标签放置在 0:00:09:08 的位置，按 P 键，展开"位置"选项，设置"位置"选项为"960.0，−62.5"，单击"位置"选项左侧的"关键帧自动记录器"按钮，如图 5-159 所示，记录第 1 个关键帧。将时间标签放置在 0:00:09:12 的位置，设置"位置"选项为"960.0，60.0"，如图 5-160 所示，记录第 2 个关键帧。

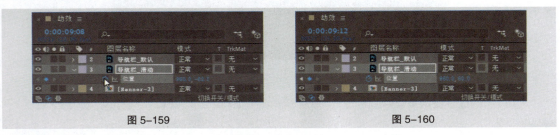

图 5-159   图 5-160

（19）将时间标签放置在 0:00:13:21 的位置，单击"位置"选项左侧的"在当前时间添加或移除关键帧"按钮，如图 5-161 所示，记录第 3 个关键帧。将时间标签放置在 0:00:14:00 的位置，设置"位置"选项为"960.0，−62.0"，如图 5-162 所示，记录第 4 个关键帧。

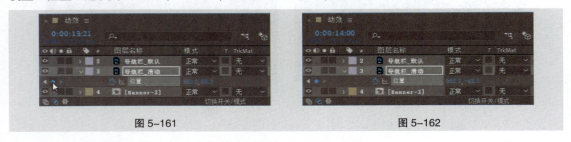

图 5-161   图 5-162

（20）单击"位置"选项，将该选项的所有关键帧选中，如图 5-163 所示。按 F9 键，将关键帧转为缓动关键帧，如图 5-164 所示。

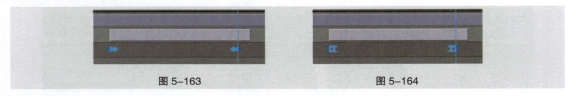

图 5-163   图 5-164

（21）在"时间轴"窗口中，单击"图表编辑器"按钮，进入图表编辑器窗口中，如图 5-165 所示。拖曳控制点到适当的位置，如图 5-166 所示。再次单击"图表编辑器"按钮 ，退出图表编辑器。

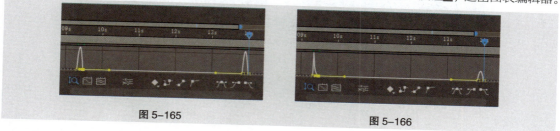

图 5-165　　　　　　　　　　　　　图 5-166

（22）将时间标签放置在 0:00:17:22 的位置，选中"［查看更多］"图层，按 Alt+[组合键，设置动画的入点，如图 5-167 所示。

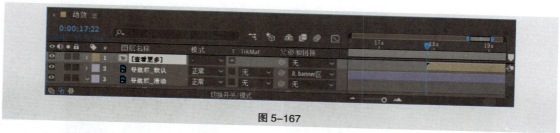

图 5-167

9. 制作最终效果动画

（1）按 Ctrl+N 组合键，弹出"合成设置"对话框，在"合成名称"文本框中输入"最终效果"，设置"背景颜色"为黑色，其他选项的设置如图 5-168 所示。单击"确定"按钮，创建一个新的合成"最终效果"。

（2）选择"图层 > 新建 > 纯色"命令，弹出"纯色设置"对话框，在"名称"文本框中输入"背景"，将"颜色"设置为浅品蓝色（240、243、246），单击"确定"按钮，在当前合成中建立一个新的浅品蓝色图层，如图 5-169 所示。

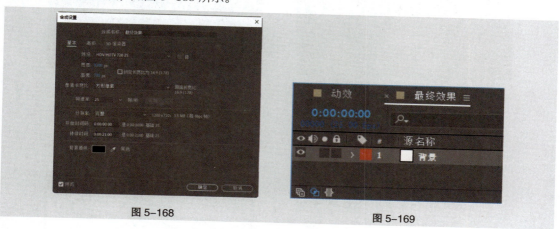

图 5-168　　　　　　　　　　　　　图 5-169

（3）选择"矩形工具" ，在工具栏中设置"填充颜色"为白色，设置"描边宽度"为 0 像素，在"合成"窗口中绘制一个矩形。在"时间轴"窗口中自动生成一个"形状图层 1"图层。在"Motion 2"窗口中设置图形的锚点为中心点。

（4）展开"形状图层 1"图层的"内容 > 矩形 1 > 矩形路径 1"选项组，设置"大小"选项为"882.0，494.0"，如图 5-170 所示。按 P 键，展开"位置"选项，设置"位置"选项为"639.5，359.0"，如图 5-171 所示。

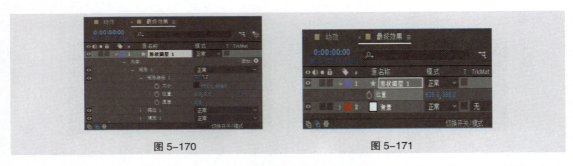

图 5-170   图 5-171

（5）按 Ctrl+D 组合键，复制图层，生成"形状图层 2"图层，如图 5-172 所示。选中"形状图层 1"图层，选择"效果 > 透视 > 投影"命令，在"效果控件"窗口中进行设置，如图 5-173 所示。

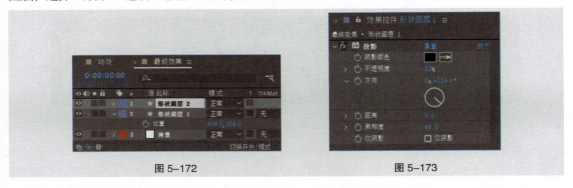

图 5-172   图 5-173

（6）在"项目"窗口中选中"动效"合成，将其拖曳到"时间轴"窗口中。图层排列如图 5-174 所示。将"动效"图层的"T TrkMat"选项设置为"Alpha 遮罩'形状图层 2'"，如图 5-175 所示。

图 5-174   图 5-175

（7）按 S 键，展开"缩放"选项，设置"缩放"选项为"46.0，46.0%"；按住 Shift 键的同时，按 P 键，展开"位置"选项，设置"位置"选项为"640.0，1353.0"，如图 5-176 所示。"合成"窗口中的效果如图 5-177 所示。

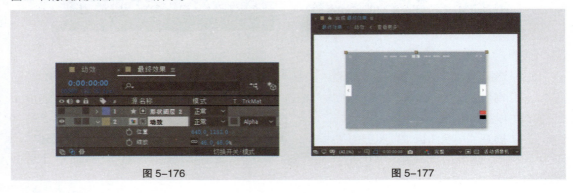

图 5-176   图 5-177

（8）将时间标签放置在0:00:18:09的位置，按住Shift键的同时，选中"动效"图层和"形状图层2"图层，按Alt+[组合键，设置动画的出点。在"项目"窗口中选中"02.jpg"文件，将其拖曳到"时间轴"窗口中，并放置在"形状图层2"图层的上方，按Alt+[组合键，设置动画的入点，如图5-178所示。

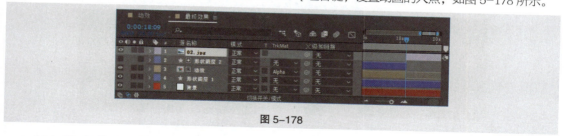

图 5-178

（9）选中"02.jpg"图层，按P键，展开"位置"选项，设置"位置"选项为"640.0，912.0"；按住Shift键的同时，按S键，展开"缩放"选项，设置"缩放"选项为"46.0，46.0%"，如图5-179所示。"合成"窗口中的效果如图5-180所示。

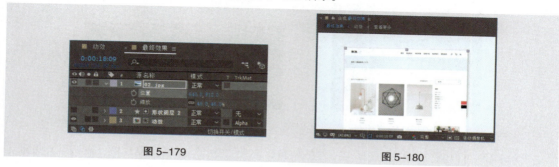

图 5-179   图 5-180

（10）选中"形状图层2"图层，按Ctrl+D组合键，复制图层，生成"形状图层3"图层，如图5-181所示。将"形状图层3"图层拖曳到"02.jpg"图层的上方，如图5-182所示。

图 5-181   图 5-182

（11）将"形状图层3"图层的"T TrkMat"选项设置为"Alpha遮罩'形状图层3'"，如图5-183所示。按Alt+[组合键，设置动画的入点，"合成"窗口中的效果如图5-184所示。

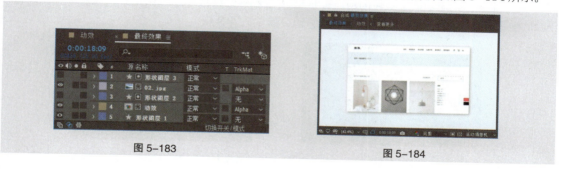

图 5-183   图 5-184

（12）选择"图层>新建>空对象"命令，在"时间轴"窗口中自动生成一个"空 1"图层。在"Motion 2"窗口中设置图形的锚点为中心点。单击"空 1"图层右侧的"3D 图层"按钮❑，如图 5-185 所示，将其转为三维图层。用相同的方法将"02.jpg"图层和"动效"图层转为三维图层，如图 5-186 所示。

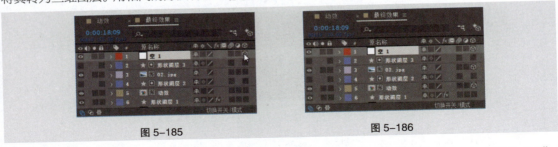

图 5-185 图 5-186

（13）选中"空 1"图层，按 P 键，展开"位置"选项，设置"位置"选项为"640.0，360.0，0.0"，如图 5-187 所示。分别将"形状图层 3"图层、"02.jpg"图层、"形状图层 2"图层和"动效"图层的"父集和链接"选项设置为"1.空 1"，如图 5-188 所示。

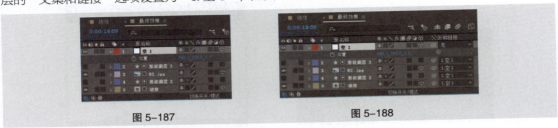

图 5-187 图 5-188

（14）将时间标签放置在 0:00:18:04 的位置，选中"空 1"图层，按 R 键，展开旋转选项，如图 5-189 所示。单击"方向"选项左侧的"关键帧自动记录器"按钮❑，如图 5-190 所示，记录第 1 个关键帧。

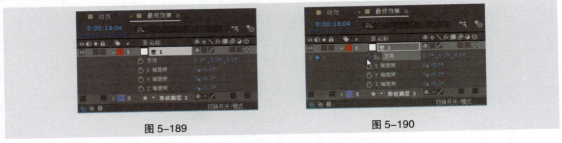

图 5-189 图 5-190

（15）将时间标签放置在 0:00:18:09 的位置，设置"方向"选项为"0.0°，270.0°，0.0°"，如图 5-191 所示，记录第 2 个关键帧。将时间标签放置在 0:00:18:14 的位置，设置"方向"选项为"0.0°，0.0°，0.0°"，如图 5-192 所示，记录第 3 个关键帧。

图 5-191 图 5-192

（16）将时间标签放置在0:00:07:16的位置，在"项目"窗口中选中"触控点_纵向滑动"，将其拖曳到"时间轴"窗口中，并放置在"空1"图层的上方。按Alt+[组合键，设置动画的入点。按P键，展开"位置"选项，设置"位置"选项为"658.3，555.6"，如图5-193所示。

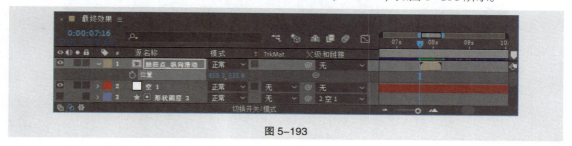

图5-193

（17）按Ctrl+D组合键两次，复制出两个图层。分别将时间标签放置在0:00:09:13的位置和0:00:11:05的位置，并分别按Alt+[组合键，设置动画的入点，如图5-194所示。

图5-194

（18）在"项目"窗口中，选中"触控点_点击"合成，将其拖曳到"时间轴"窗口中，并放置在最顶层。将时间标签放置在0:00:13:09的位置，按Alt+[组合键，设置动画的入点。按P键，展开"位置"选项，设置"位置"选项为"1041.0，578.7"，如图5-195所示。

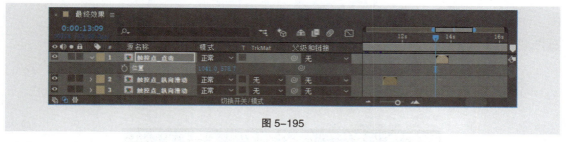

图5-195

（19）按Ctrl+D组合键两次，复制出两个图层。分别将时间标签放置在0:00:15:13的位置和0:00:17:18的位置，按Alt+[组合键，设置动画的入点，如图5-196所示。

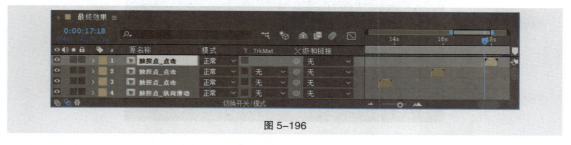

图5-196

（20）选中"图层1"图层，按P键，展开"位置"选项，设置"位置"选项为"947.0，

416.0"。用相同的方法设置"图层 2"图层的"位置"选项为"1066.0，355.7"，如图 5-197 所示。家居装修 Web 界面动效制作完成。

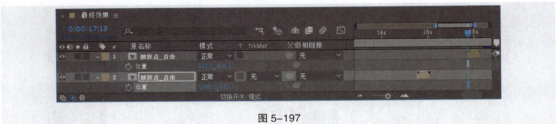

图 5-197

5.1.3　文件保存

选择"文件 > 保存"命令，弹出"另存为"对话框，在对话框中选择文件要保存的位置，在"文件名"文本框中输入"工程文件"，其他选项的设置如图 5-198 所示。单击"保存"按钮，将文件保存。

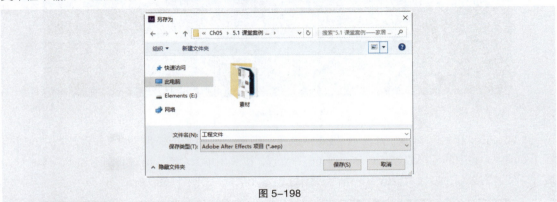

图 5-198

5.1.4　渲染导出

（1）选择"合成 > 添加到 Adobe Media Encoder 队列"命令，系统自动打开 Adobe Media Encoder 软件并将文件添加到 Adobe Media Encoder 软件的"队列"窗口中，如图 5-199 所示。

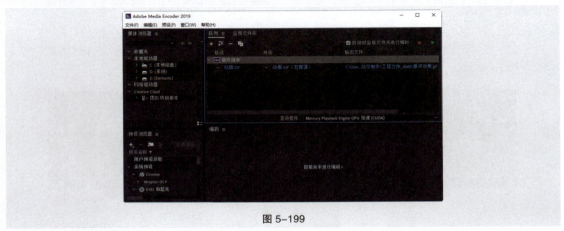

图 5-199

（2）单击"格式"选项组中的下拉按钮■，在弹出的下拉列表中选择"动画GIF"选项，其他选项的设置如图5-200所示。

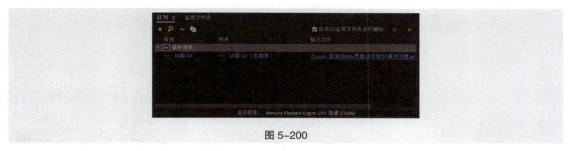

图 5-200

（3）设置完成后单击"队列"窗口中的"启动队列"按钮■■■，进行文件渲染，如图5-201所示。

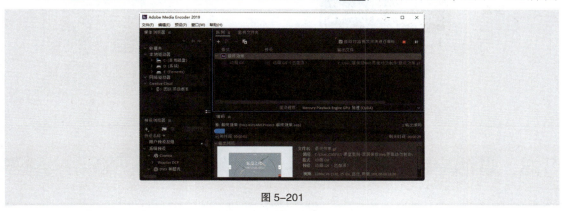

图 5-201

（4）渲染完成后在输出文件位置可以看到GIF动画文件，如图5-202所示。

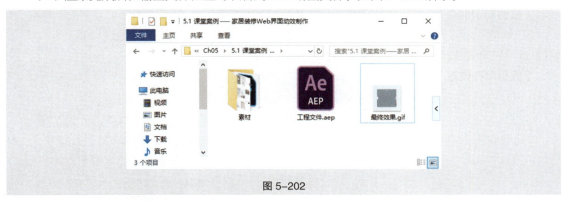

图 5-202

5.2 课堂练习——ARTSY 家居装修 Web 界面动效制作

【案例学习目标】学习综合使用变换属性、关键帧、图表编辑器、形状蒙板、轨道遮罩、父集和链接、合成嵌套和预合成。

【案例知识要点】使用"父集和链接"选项制作动画效果；使用"图表编辑器"按钮打开"动

画曲线"调节动画的运动速度；使用"入点"和"出点"控制画面的出场时间，使用"蒙版路径"选项制作转场效果。家居装修 Web 界面动效制作效果如图 5-203 所示。

【效果所在位置】云盘 \Ch05\5.2　课堂案例——ARTSY 家居装修 Web 界面动效制作 \ 工程文件 .aep。

图 5-203

5.3　课后习题——Easy Life 家居装修 Web 界面动效制作

【案例学习目标】学习综合使用变换属性、关键帧、图表编辑器、形状蒙板、合成嵌套和预合成。

【案例知识要点】使用"单词淡化上升"效果制作文字动画，使用"图表编辑器"按钮打开"动画曲线"调节动画的运动速度，使用"入点"和"出点"控制画面的出场时间，使用"椭圆工具"和"形状路径"选项制作转场效果。家居装修 Web 界面动效制作效果如图 5-204 所示。

【效果所在位置】云盘 \Ch05\5.3　课后习题——Easy Life 家居装修 Web 界面动效制作 \ 工程文件 .aep。

图 5-204

第6章

App 界面动效制作

▶ **本章介绍**

    App 作为智能手机的第三方应用程序，较 H5 界面与 Web 界面，有着更加细腻的动效。这类动效不仅能让 App 界面保留本身的视觉功能需求，更加强了人机交互，令用户在使用 App 的过程中能更好地理解界面，提升界面用户体验。本章从实战角度对 App 界面动效制作的素材导入、动画制作、文件保存以及渲染导出进行系统讲解与演练。通过本章的学习，读者可以对 App 界面动效有一个基本的认识，并快速掌握制作常用 App 界面动效的方法。

学习目标

- 掌握 App 界面动效的素材导入方法
- 掌握 App 界面动效的动画制作方法
- 掌握 App 界面动效的文件保存方法
- 掌握 App 界面动效的渲染导出方法

慕课视频

App 界面动效制作

6.1 课堂案例——旅游出行 App 界面制作

【案例学习目标】学习综合使用变换属性、关键帧、图表编辑器、形状蒙板、轨道遮罩、父集和链接、合成嵌套和预合成。

【案例知识要点】使用"椭圆工具"和"圆角矩形工具"绘制图形，添加"位移路径"来位移路径，使用"父集和链接"选项制作动画效果，使用"图表编辑器"按钮打开"动画曲线"调节动画的运动速度，使用"入点"和"出点"控制画面的出场时间。旅游出行 App 界面制作效果如图 6-1 所示。

【效果所在位置】云盘 \Ch06\6.1　课堂案例——旅游出行 App 界面制作 \ 工程文件 .aep。

图 6-1

6.1.1　导入素材

选择"文件 > 导入 > 文件"命令，在弹出的"导入文件"对话框中，选择云盘中的"Ch06\6.1　课堂案例——旅游出行 App 界面制作 \ 素材 \01.psd 和 02.psd"文件，如图 6-2 所示。单击"导入"按钮，将文件导入"项目"窗口中，如图 6-3 所示。

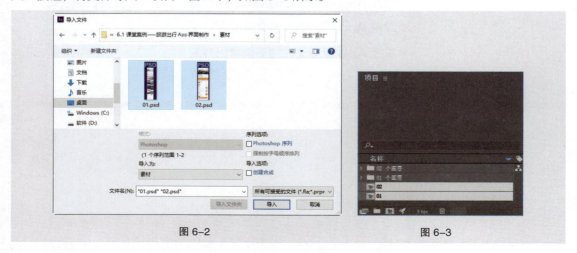

图 6-2　　　　　　　　　　　　　　　图 6-3

6.1.2 动画制作

1. 制作"触控点_点击"动画

（1）按Ctrl+N组合键，弹出"合成设置"对话框，在"合成名称"文本框中输入"触控点_点击"，设置"背景颜色"为浅青色（199、228、236），其他选项的设置如图6-4所示。单击"确定"按钮，创建一个新的合成"触控点_点击"，如图6-5所示。

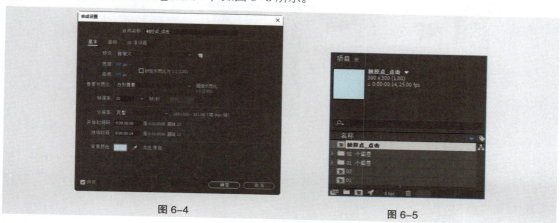

图6-4   图6-5

（2）选择"椭圆工具" <span></span>，在工具栏中设置"填充颜色"为白色，"描边颜色"为橙色（255、151、1），"描边宽度"为10像素，按住Shift键的同时在"合成"窗口中绘制一个圆形，如图6-6所示。在"时间轴"窗口中自动生成"形状图层1"图层，并将其命名为"触控点"，如图6-7所示。

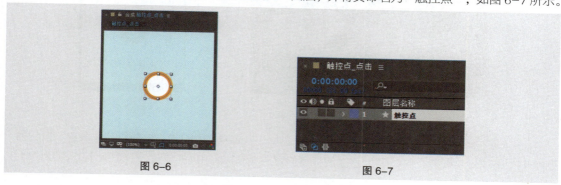

图6-6   图6-7

（3）展开"触控点"图层"内容 > 椭圆1 > 椭圆路径1"选项组，设置"大小"选项为"51.9，51.9"，如图6-8所示；展开"触控点"图层"内容 > 椭圆1 > 填充1"选项组，设置"不透明度"选项为"0%"，如图6-9所示。

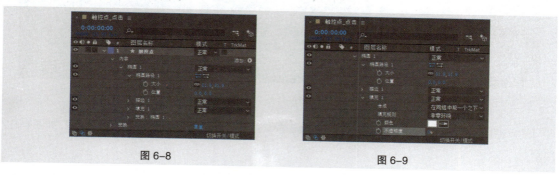

图6-8   图6-9

（4）选中"椭圆1"选项组，单击"添加"右侧的按钮 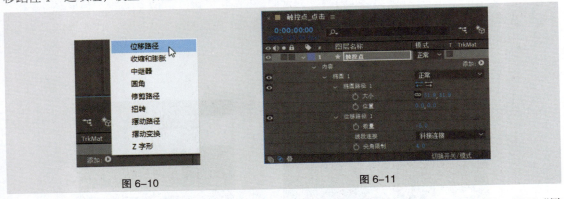，在弹出的下拉列表中选择"位移路径"，如图6-10所示。在"时间轴"窗口"椭圆1"选项组中会自动添加一个"位移路径1"选项组，展开"位移路径1"选项组，设置"数量"选项为"-5.0"，如图6-11所示。

图 6-10   图 6-11

（5）选中"椭圆1"选项组，按Ctrl+D组合键，复制选项组生成"椭圆2"选项组。展开"椭圆2 > 椭圆路径1"选项组，设置"大小"选项为"71.9，71.9"，如图6-12所示。"合成"窗口中的效果如图6-13所示。

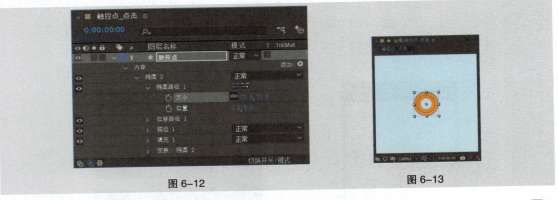

图 6-12   图 6-13

（6）单击"椭圆2 > 椭圆路径1"选项组"大小"选项左侧的"关键帧自动记录器"按钮，如图6-14所示，记录第1个关键帧。将时间标签放置在0:00:00:04的位置，设置"大小"选项为"51.9，51.9"，如图6-15所示，记录第2个关键帧。将时间标签放置在0:00:00:14的位置，设置"大小"选项为"71.9，71.9"，如图6-16所示，记录第3个关键帧。

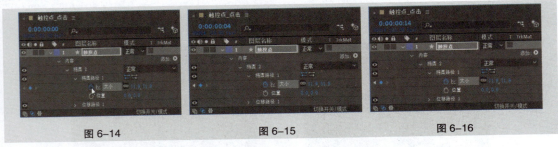

图 6-14   图 6-15   图 6-16

（7）单击"大小"选项，将该选项关键帧全部选中，按F9键，将关键帧转为缓动关键帧，如图6-17所示。

图 6-17

（8）将时间标签放置在 0:00:00:00 的位置，展开"椭圆 2 > 描边 1"选项组，设置"描边宽度"选项为"0.1"，单击"描边宽度"选项左侧的"关键帧自动记录器"按钮▣，如图 6-18 所示，记录第 1 个关键帧。将时间标签放置在 0:00:00:04 的位置，设置"描边宽度"选项为"10.0"，如图 6-19 所示，记录第 2 个关键帧。将时间标签放置在 0:00:00:14 的位置，设置"描边宽度"选项为"0.1"，如图 6-20 所示，记录第 3 个关键帧。

图 6-18   图 6-19   图 6-20

（9）将时间标签放置在 0:00:00:00 的位置，展开"椭圆 2 > 变换：椭圆 2"选项组，设置"不透明度"选项为"0%"，单击"不透明度"选项左侧的"关键帧自动记录器"按钮▣，如图 6-21 所示，记录第 1 个关键帧。将时间标签放置在 0:00:00:01 的位置，设置"不透明度"选项为"100%"，如图 6-22 所示，记录第 2 个关键帧。

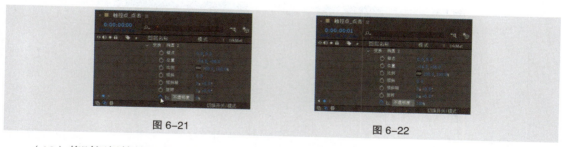

图 6-21   图 6-22

（10）将时间标签放置在 0:00:00:12 的位置，单击"不透明度"选项左侧的"在当前时间添加或移除关键帧"按钮▣，如图 6-23 所示，记录第 3 个关键帧。将时间标签放置在 0:00:00:14 的位置，设置"不透明度"选项为"0%"，如图 6-24 所示，记录第 4 个关键帧。

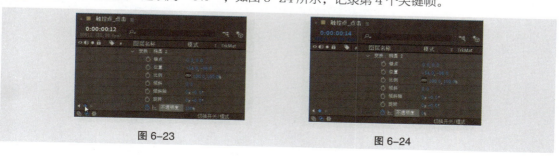

图 6-23   图 6-24

（11）单击"不透明度"选项，将该选项关键帧全部选中，按F9键，将关键帧转为缓动关键帧，如图6-25所示。

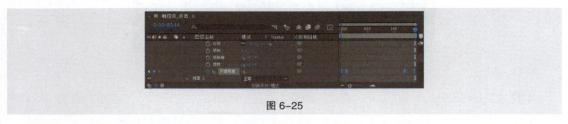

图 6-25

（12）将时间标签放置在0:00:00:05的位置，单击"椭圆1 > 椭圆路径1"选项组"大小"选项左侧的"关键帧自动记录器"按钮◎，如图6-26所示，记录第1个关键帧。将时间标签放置在0:00:00:10的位置，设置"大小"选项为"138.9, 138.9"，如图6-27所示，记录第2个关键帧。

图 6-26   图 6-27

（13）单击"大小"选项，将该选项关键帧全部选中，按F9键，将关键帧转为缓动关键帧。将时间标签放置在0:00:00:05的位置，单击"椭圆1 > 描边1"选项组"描边宽度"选项左侧的"关键帧自动记录器"按钮◎，如图6-28所示，记录第1个关键帧。将时间标签放置在0:00:00:10的位置，设置"描边宽度"选项为"0.1"，如图6-29所示，记录第2个关键帧。

图 6-28   图 6-29

（14）将时间标签放置在0:00:00:04的位置，展开"椭圆1 > 变换：椭圆1"选项组，设置"不透明度"选项为"0%"，单击"不透明度"选项左侧的"关键帧自动记录器"按钮◎，如图6-30所示，记录第1个关键帧。将时间标签放置在0:00:00:05的位置，设置"不透明度"选项为"100%"，如图6-31所示，记录第2个关键帧。

图 6-30   图 6-31

（15）将时间标签放置在 0:00:00:08 的位置，单击"不透明度"选项左侧的"在当前时间添加或移除关键帧"按钮，如图 6-32 所示，记录第 3 个关键帧。将时间标签放置在 0:00:00:10 的位置，设置"不透明度"选项为"0%"，如图 6-33 所示，记录第 4 个关键帧。

图 6-32 图 6-33

（16）单击"不透明度"选项，将该选项关键帧全部选中，按 F9 键，将关键帧转为缓动关键帧，如图 6-34 所示。选中"触控点"图层，按 P 键，展开"位置"选项，设置"位置"选项为"150.0，150.0"，如图 6-35 所示。

图 6-34 图 6-35

2. 制作"触控点 _ 纵向滑动"动画

（1）按 Ctrl+N 组合键，弹出"合成设置"对话框，在"合成名称"文本框中输入"触控点 _ 纵向滑动"，设置"背景颜色"为浅青色（199、228、236），其他选项的设置如图 6-36 所示。单击"确定"按钮，创建一个新的合成"触控点 _ 纵向滑动"，如图 6-37 所示。

图 6-36 图 6-37

（2）选择"圆角矩形工具"，在工具栏中设置"填充颜色"为白色，"描边颜色"为橙色（255、

151、1），"描边宽度"为3像素，按住Shift键的同时在"合成"窗口中绘制一个圆角矩形，如图6-38所示。在"时间轴"窗口中自动生成"形状图层1"图层，将其命名为"触控点"，如图6-39所示。

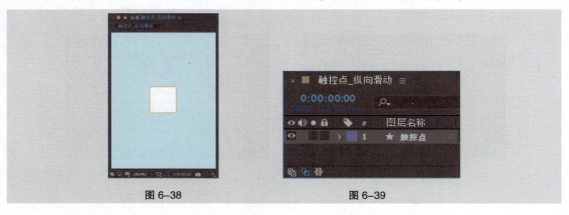

图 6-38　　　　　　　　　　　　　图 6-39

（3）展开"触控点"图层"内容 > 矩形 1 > 矩形路径 1"选项组，设置"大小"选项为"51.9，51.9"，"圆度"选项为"70.0"，如图6-40所示。展开"触控点"图层"内容 > 矩形 1 > 填充 1"选项组，设置"不透明度"选项为"0%"，如图6-41所示。

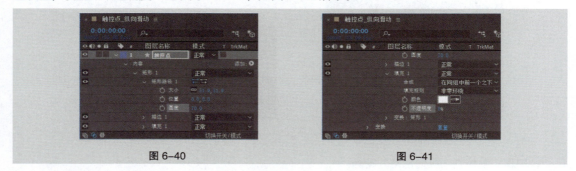

图 6-40　　　　　　　　　　　　　图 6-41

（4）选中"触控点"图层，选择"向后平移（锚点）工具"，在"合成"窗口中拖曳中心点到适当的位置，如图6-42所示。

（5）选中"矩形 1"选项组，单击"添加"右侧的按钮，在弹出的下拉列表中选择"位移路径"。在"时间轴"窗口"矩形 1"选项组中会自动添加一个"位移路径 1"选项组。展开"位移路径 1"选项组，设置"数量"选项为"-5.0"，如图6-43所示。

图 6-42　　　　　　　　　　　　　图 6-43

（6）展开"触控点"图层"内容 > 矩形 1 > 描边 1"选项组，单击"描边宽度"选项左侧的"关键帧自动记录器"按钮，如图6-44所示，记录第 1 个关键帧。将时间标签放置在 0:00:00:03 的位置，设置"描边宽度"选项为"10.0"，如图6-45所示，记录第 2 个关键帧。

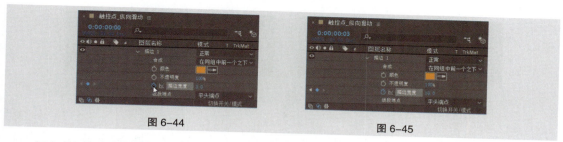

图 6-44　　　　　　　　　　　　　　　　　　　　　图 6-45

（7）将时间标签放置在 0∶00∶00∶12 的位置，单击"描边宽度"选项左侧的"在当前时间添加或移除关键帧"按钮，如图 6-46 所示，记录第 3 个关键帧。将时间标签放置在 0∶00∶00∶15 的位置，设置"描边宽度"选项为"3.0"，如图 6-47 所示，记录第 4 个关键帧。

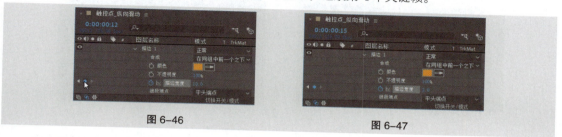

图 6-46　　　　　　　　　　　　　　　　　　　　　图 6-47

（8）将时间标签放置在 0∶00∶00∶06 的位置，单击"矩形路径 1"选项组"大小"选项左侧的"关键帧自动记录器"按钮，如图 6-48 所示，记录第 1 个关键帧。将时间标签放置在 0∶00∶00∶09 的位置，设置"大小"选项为"51.9，94.9"，如图 6-49 所示，记录第 2 个关键帧。将时间标签放置在 0∶00∶00∶12 的位置，设置"大小"选项为"51.9，51.9"，记录第 3 个关键帧，如图 6-50 所示。

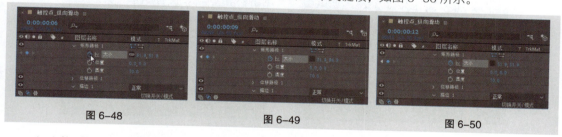

图 6-48　　　　　　　　　　图 6-49　　　　　　　　　　图 6-50

（9）将时间标签放置在 0∶00∶00∶06 的位置，单击"矩形路径 1"选项组"位置"选项左侧的"关键帧自动记录器"按钮，如图 6-51 所示，记录第 1 个关键帧。将时间标签放置在 0∶00∶00∶12 的位置，设置"位置"选项为"0.0，−260.0"，如图 6-52 所示，记录第 2 个关键帧。

图 6-51　　　　　　　　　　　　　　　　　　　　　图 6-52

（10）单击"位置"选项，将该选项关键帧全部选中，如图 6-53 所示。按 F9 键，将关键帧转为缓动关键帧，如图 6-54 所示。

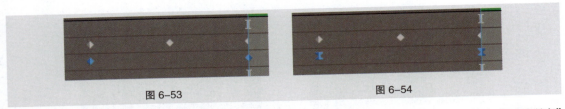

图 6-53   图 6-54

（11）展开"矩形 1 > 变换：矩形 1"选项组，设置"不透明度"选项为"0%"，单击"不透明度"选项左侧的"关键帧自动记录器"按钮，如图 6-55 所示，记录第 1 个关键帧。将时间标签放置在 0:00:00:03 的位置，设置"不透明度"选项为"100%"，如图 6-56 所示，记录第 2 个关键帧。

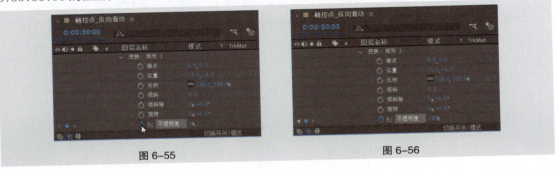

图 6-55   图 6-56

（12）将时间标签放置在 0:00:00:12 的位置，单击"不透明度"选项左侧的"在当前时间添加或移除关键帧"按钮，如图 6-57 所示，记录第 3 个关键帧。将时间标签放置在 0:00:00:15 的位置，设置"不透明度"选项为"0%"，如图 6-58 所示，记录第 4 个关键帧。

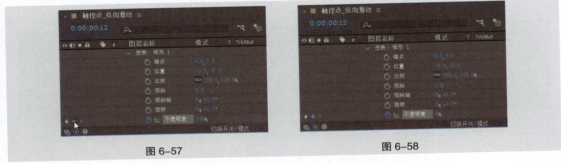

图 6-57   图 6-58

（13）将时间标签放置在 0:00:00:09 的位置，选中"触控点"图层，按 P 键，展开"位置"选项，设置"位置"选项为"374.8, 526.3"，如图 6-59 所示。"合成"窗口中的效果如图 6-60 所示。

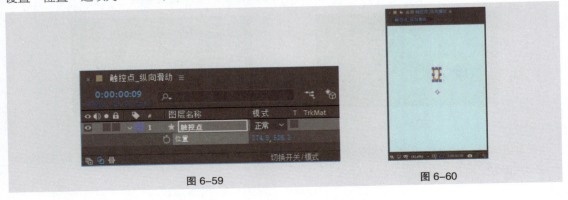

图 6-59   图 6-60

3. 制作"触控点_左向滑动"和"触控点_右向滑动"动画

（1）在"项目"窗口中选中"触控点_纵向滑动"合成，按 Ctrl+D 组合键，复制合成，生成"触控点_纵向滑动2"，将其重命名为"触控点_左向滑动"，如图 6-61 所示。

（2）在"项目"窗口中双击"触控点_左向滑动"合成，进入合成编辑窗口。按 Ctrl+K 组合键，弹出"合成设置"对话框，在对话框中进行参数设置，如图 6-62 所示。单击"确定"按钮，完成设置。

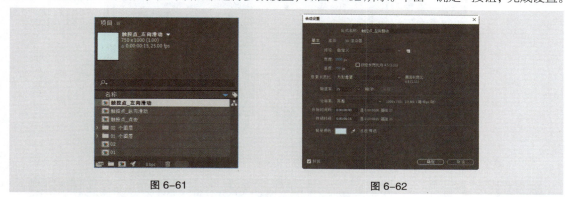

图 6-61   图 6-62

（3）选中"触控点"图层，按 U 键，展开所有关键帧，如图 6-63 所示。

图 6-63

（4）将时间标签放置在 0:00:00:09 的位置，修改"大小"选项为"94.9，51.9"，如图 6-64 所示。将时间标签放置在 0:00:00:12 的位置，修改"位置"选项为"−260.0，0.0"，如图 6-65 所示。

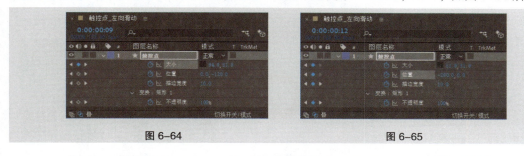

图 6-64   图 6-65

（5）将时间标签放置在 0:00:00:09 的位置，选择"向后平移（锚点）工具" ，在"合成"窗口中拖曳中心点到适当的位置，如图 6-66 所示。按 P 键，展开"位置"选项，设置"位置"选项为"521.0，375.0"，如图 6-67 所示。

图 6-66   图 6-67

（6）在"项目"窗口中选中"触控点_左向滑动"合成，按 Ctrl+D 组合键，复制合成，生成"触控点_左向滑动 2"，如图 6-68 所示；将其重命名为"触控点_右向滑动"，如图 6-69 所示。

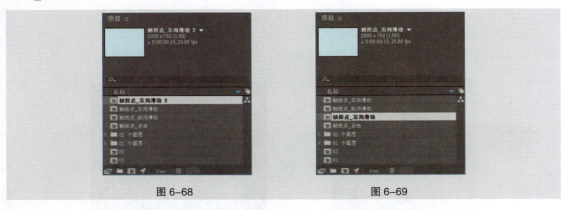

图 6-68　　　　　　　　　　　　　　図 6-69

（7）选中"触控点"图层，按 U 键，展开所有关键帧，如图 6-70 所示。

图 6-70

（8）将时间标签放置在 0:00:00:12 的位置，修改"位置"选项为"260.0, 0.0"，如图 6-71 所示。将时间标签放置在 0:00:00:06 的位置，选择"向后平移（锚点）工具" 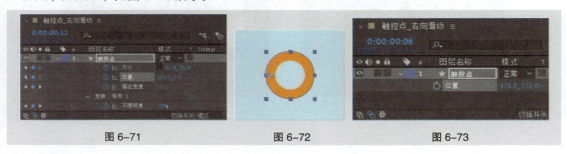，在"合成"窗口中拖曳中心点到适当的位置，如图 6-72 所示。按 P 键，展开"位置"选项，设置"位置"选项为"479.0, 375.0"，如图 6-73 所示。

图 6-71　　　　　　　　　　图 6-72　　　　　　　　　图 6-73

4. 制作导航栏动画

（1）在"项目"窗口中双击"01"合成，进入合成编辑窗口。按 Ctrl+K 组合键，在弹出的"合成设置"对话框中进行设置，如图 6-74 所示。单击"确定"按钮完成设置。

（2）在"时间轴"窗口中双击"导航栏"图层，进入"导航栏"合成窗口。将时间标签放置在 0:00:00:06 的位置，选中"导航栏 - 背景"图层，按 T 键，展开"不透明度"选项，设置"不透明度"选项为"0%"，如图 6-75 所示。

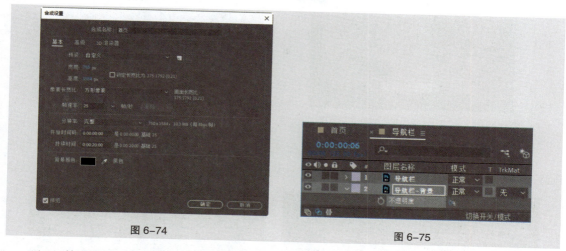

图 6-74   图 6-75

（3）单击"不透明度"选项左侧的"关键帧自动记录器"按钮🖽，如图 6-76 所示，记录第 1 个关键帧。将时间标签放置在 0:00:00:09 的位置，设置"不透明度"选项为"100%"，如图 6-77 所示，记录第 2 个关键帧。

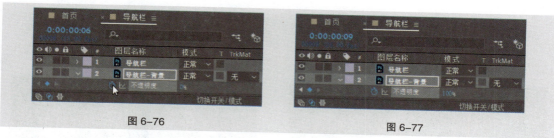

图 6-76   图 6-77

（4）单击"不透明度"选项，将该选项关键帧全部选中，如图 6-78 所示。按 F9 键，将关键帧转为缓动关键帧，如图 6-79 所示。

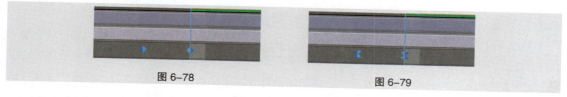

图 6-78   图 6-79

（5）在"时间轴"窗口中，单击"图表编辑器"按钮🖽，进入图表编辑器窗口中，如图 6-80 所示。拖曳控制点到适当的位置，如图 6-81 所示。再次单击"图表编辑器"按钮🖽，退出图表编辑器。

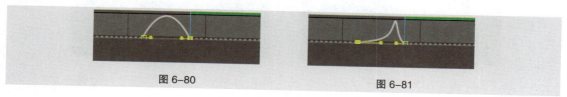

图 6-80   图 6-81

（6）进入"首页"合成，选中"标签栏"图层，按 P 键，展开"位置"选项，设置"位置"选项为"375.0，1541.0"，如图 6-82 所示。选中"Home Indicator"图层，按 P 键，展开"位置"选项，设置"位置"选项为"375.0，1592.0"，如图 6-83 所示。

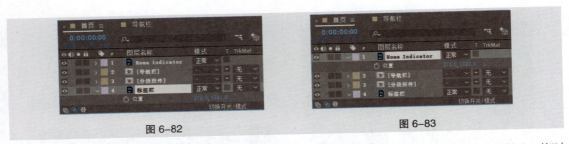

图 6-82   图 6-83

（7）将"［分段控件］"图层的"父集和链接"选项设置为"5.卡片"，如图 6-84 所示。将时间标签放置在 0:00:00:06 的位置，选中"卡片"图层，按 P 键，展开"位置"选项，如图 6-85 所示。

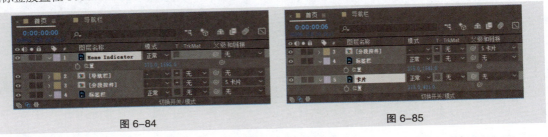

图 6-84   图 6-85

（8）单击"位置"选项左侧的"关键帧自动记录器"按钮 ◎，如图 6-86 所示，记录第 1 个关键帧。将时间标签放置在 0:00:00:16 的位置，设置"位置"选项为"375.0，-196.0"，如图 6-87 所示，记录第 2 个关键帧。

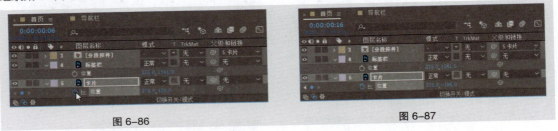

图 6-86   图 6-87

（9）将时间标签放置在 0:00:00:06 的位置，选中"［瀑布流］"图层，按 P 键，展开"位置"选项，设置"位置"选项为"373.0，1792.0"，单击"位置"选项左侧的"关键帧自动记录器"按钮 ◎，如图 6-88 所示，记录第 1 个关键帧。将时间标签放置在 0:00:00:16 的位置，设置"位置"选项为"373.0，1193.0"，如图 6-89 所示，记录第 2 个关键帧。

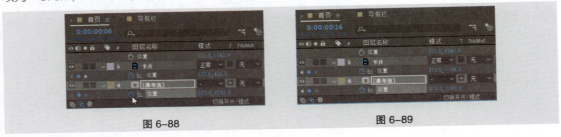

图 6-88   图 6-89

5. 制作分段控件动画

（1）在"时间轴"窗口中双击"分段控件"图层，进入"分段控件"合成窗口中。选中"矩形 3"图层，按住 Shift 键的同时单击"九寨沟"图层，将"矩形 3"图层和"九寨沟"图层及中间的图层全部选中，如图 6-90 所示。

（2）选择"图层 > 预合成"命令，弹出"预合成"对话框，在"新合成名称"文本框中输入"文字动画"，其他选项的设置如图 6-91 所示。单击"确定"按钮，将选中的图层转为新合成。

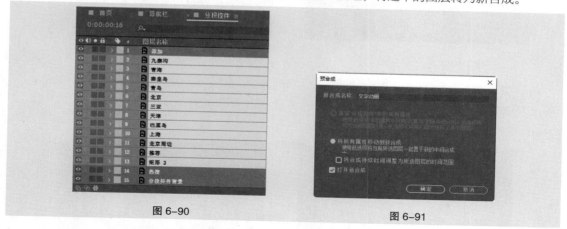

图 6-90   图 6-91

（3）将"推荐"图层的"父集和链接"选项设置为"12. 矩形 3"，如图 6-92 所示。用相同的方法设置其他图层，如图 6-93 所示。

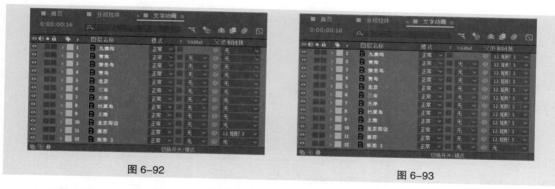

图 6-92   图 6-93

（4）将时间标签放置在 0:00:01:06 的位置，选中"矩形 3"图层，按 P 键，展开"位置"选项，单击"位置"选项左侧的"关键帧自动记录器"按钮，如图 6-94 所示，记录第 1 个关键帧。将时间标签放置在 0:00:01:16 的位置，设置"位置"选项为"-430.0，1792.0"，如图 6-95 所示，记录第 2 个关键帧。

图 6-94   图 6-95

（5）将时间标签放置在 0:00:01:19 的位置，设置"位置"选项为"-270.0，1792.0"，如图 6-96 所示，记录第 3 个关键帧。将时间标签放置在 0:00:02:09 的位置，单击"位置"选项左侧的"在当前时间添加或移除关键帧"按钮，如图 6-97 所示，记录第 4 个关键帧。

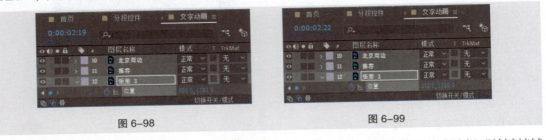

图 6-96   图 6-97

（6）将时间标签放置在 0:00:02:19 的位置，设置"位置"选项为"535.0，1792.0"，如图 6-98 所示，记录第 5 个关键帧。将时间标签放置在 0:00:02:22 的位置，设置"位置"选项为"375.0，1792.0"，如图 6-99 所示记录第 6 个关键帧。

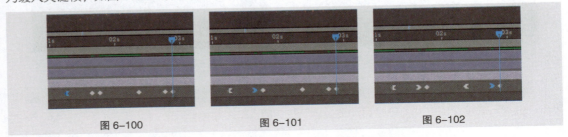

图 6-98   图 6-99

（7）在"位置"选项的第 1 个关键帧上单击鼠标右键，在弹出的快捷菜单中选择"关键帧辅助 > 缓出"命令，将该关键帧转为缓出关键帧，如图 6-100 所示。在"位置"选项的第 2 个关键帧上单击鼠标右键，在弹出的快捷菜单中选择"关键帧辅助 > 缓入"命令，将该关键帧转为缓入关键帧，如图 6-101 所示。用相同的方法将"位置"选项的第 4 个关键帧转为缓出关键帧，第 5 个关键帧转为缓入关键帧，如图 6-102 所示。

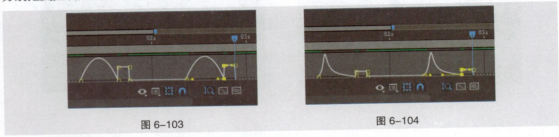

图 6-100   图 6-101   图 6-102

（8）在"时间轴"窗口中，单击"图表编辑器"按钮 ▣，进入图表编辑器窗口中，如图 6-103 所示。分别拖曳控制点到适当的位置，如图 6-104 所示。再次单击"图表编辑器"按钮 ▣，退出图表编辑器。

图 6-103   图 6-104

（9）进入"分段控件"合成，"合成"窗口中的效果如图 6-105 所示。选择"矩形工具" ▣，选中"分段控件"图层，在"合成"窗口中绘制一个矩形蒙版，效果如图 6-106 所示。

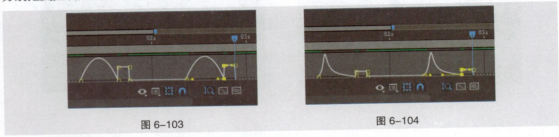

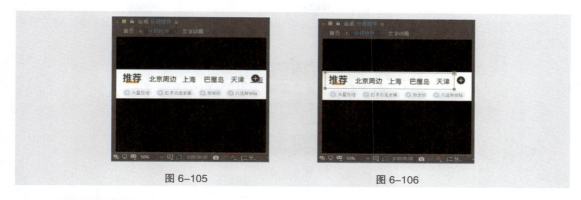

图 6-105   图 6-106

6. 制作瀑布流动画

（1）进入"首页"合成，双击"瀑布流"图层，进入"瀑布流"合成编辑窗口中。将"夏日城堡"图层的"父集和链接"选项设置为"10.今日榜首"，如图 6-107 所示。将时间标签放置在 0:00:03:24 的位置，选中"今日榜首"图层，按 P 键，展开"位置"选项，如图 6-108 所示。

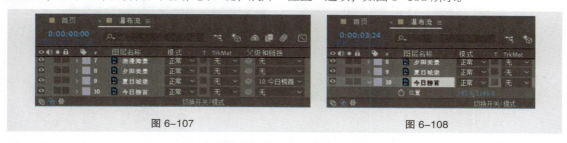

图 6-107   图 6-108

（2）单击"位置"选项左侧的"关键帧自动记录器"按钮，如图 6-109 所示，记录第 1 个关键帧。将时间标签放置在 0:00:04:05 的位置，设置"位置"选项为"197.0，732.0"，如图 6-110 所示，记录第 2 个关键帧。

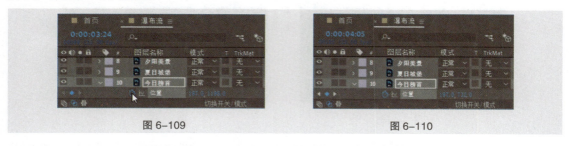

图 6-109   图 6-110

（3）将时间标签放置在 0:00:06:13 的位置，单击"位置"选项左侧的"在当前时间添加或移除关键帧"按钮，如图 6-111 所示，记录第 3 个关键帧。将时间标签放置在 0:00:06:21 的位置，设置"位置"选项为"197.0，184.0"，如图 6-112 所示，记录第 4 个关键帧。

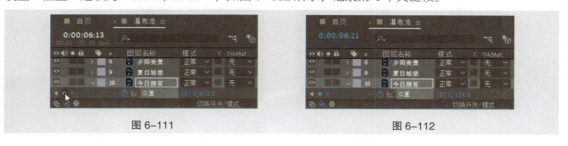

图 6-111   图 6-112

（4）单击"今日榜首"图层的"位置"选项，将该选项关键帧全部选中。按 F9 键，将关键帧转为缓动关键帧，如图 6-113 所示。

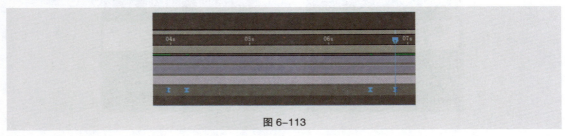

图 6-113

（5）将时间标签放置在 0:00:00:03 的位置，选中"夕阳美景"图层，按 P 键，展开"位置"选项，设置"位置"选项为"196.0，2200.0"，单击"位置"选项左侧的"关键帧自动记录器"按钮，如图 6-114 所示，记录第 1 个关键帧。将时间标签放置在 0:00:00:06 的位置，单击"位置"选项左侧的"在当前时间添加或移除关键帧"按钮，如图 6-115 所示，记录第 2 个关键帧。

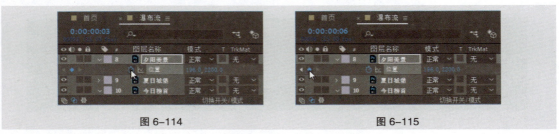

图 6-114　　　　　　　　　　　　　　　图 6-115

（6）将时间标签放置在 0:00:00:14 的位置，设置"位置"选项为"196.0，1664.0"，如图 6-116 所示，记录第 3 个关键帧。将时间标签放置在 0:00:03:24 的位置，单击"位置"选项左侧的"在当前时间添加或移除关键帧"按钮，如图 6-117 所示，记录第 4 个关键帧。

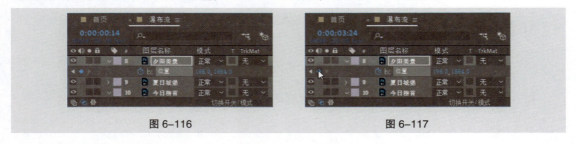

图 6-116　　　　　　　　　　　　　　　图 6-117

（7）将时间标签放置在 0:00:04:02 的位置，单击"位置"选项左侧的"在当前时间添加或移除关键帧"按钮，如图 6-118 所示，记录第 5 个关键帧。将时间标签放置在 0:00:04:10 的位置，设置"位置"选项为"196.0，1204.0"，如图 6-119 所示，记录第 6 个关键帧。

图 6-118　　　　　　　　　　　　　　　图 6-119

（8）将时间标签放置在 0:00:06:13 的位置，单击"位置"选项左侧的"在当前时间添加或移除关键帧"按钮，如图 6-120 所示，记录第 7 个关键帧。将时间标签放置在 0:00:06:21 的位置，设置"位置"选项为"196.0，656.0"，如图 6-121 所示，记录第 8 个关键帧。

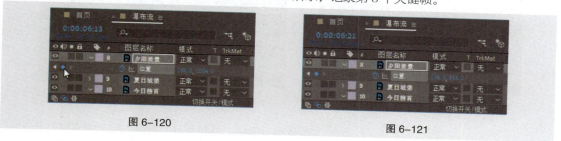

图 6-120   图 6-121

（9）按住 Shift 键的同时，选中"夕阳美景"图层"位置"选项需要的关键帧，如图 6-122 所示。按 F9 键，将选中的关键帧转为缓动关键帧，如图 6-123 所示。

图 6-122   图 6-123

（10）在"时间轴"窗口中，单击"图表编辑器"按钮，进入图表编辑器窗口中。分别拖曳控制点到适当的位置，如图 6-124 所示。再次单击"图表编辑器"按钮，退出图表编辑器。

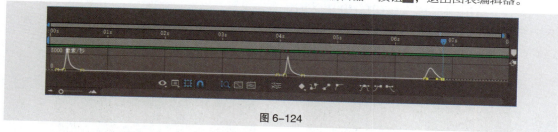

图 6-124

（11）将时间标签放置在 0:00:00:05 的位置，按 S 键，展开"缩放"选项，按住 Shift 键的同时，按 T 键，展开"不透明度"选项，分别单击"缩放"选项和"不透明度"选项左侧的"关键帧自动记录器"按钮，如图 6-125 所示，记录第 1 个关键帧。将时间标签放置在 0:00:00:06 的位置，设置"缩放"选项为"100.0，150.0%"，设置"不透明度"选项为"50%"，如图 6-126 所示，记录第 2 个关键帧。

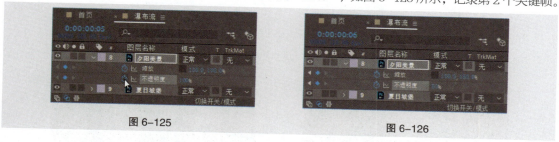

图 6-125   图 6-126

（12）将时间标签放置在 0:00:00:14 的位置，设置"缩放"选项为"100.0，100.0%"，设置"不透明度"选项为"100%"，如图 6-127 所示，记录第 3 个关键帧。选中"缩放"选项和"不透明度"选项全部关键帧，按 Ctrl+C 组合键，复制关键帧。将时间标签放置在 0:00:04:01 的位置，按 Ctrl+V 组合键，粘贴关键帧，如图 6-128 所示。

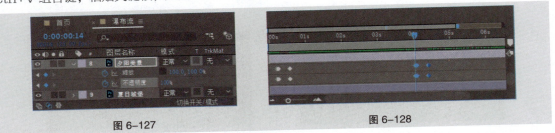

图 6-127　　　　　　　　　　　　　　　　图 6-128

（13）将时间标签放置在 0:00:00:03 的位置，选中"浪漫海景"图层，按 P 键，展开"位置"选项，设置"位置"选项为"552.0，2279.0"，单击"位置"选项左侧的"关键帧自动记录器"按钮，如图 6-129 所示，记录第 1 个关键帧。将时间标签放置在 0:00:00:09 的位置，单击"位置"选项左侧的"在当前时间添加或移除关键帧"按钮，如图 6-130 所示，记录第 2 个关键帧。

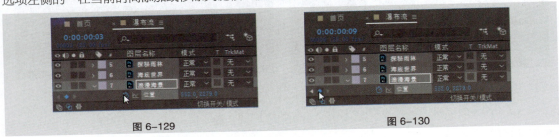

图 6-129　　　　　　　　　　　　　　　　图 6-130

（14）将时间标签放置在 0:00:00:17 的位置，设置"位置"选项为"552.0，1738.0"，如图 6-131 所示，记录第 3 个关键帧。将时间标签放置在 0:00:03:24 的位置，单击"位置"选项左侧的"在当前时间添加或移除关键帧"按钮，如图 6-132 所示，记录第 4 个关键帧。

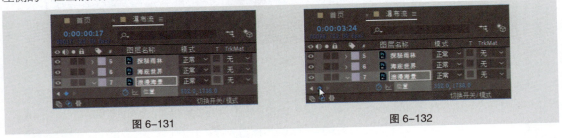

图 6-131　　　　　　　　　　　　　　　　图 6-132

（15）将时间标签放置在 0:00:04:05 的位置，单击"位置"选项左侧的"在当前时间添加或移除关键帧"按钮，如图 6-133 所示，记录第 5 个关键帧。将时间标签放置在 0:00:04:13 的位置，设置"位置"选项为"552.0，1275.0"，如图 6-134 所示，记录第 6 个关键帧。

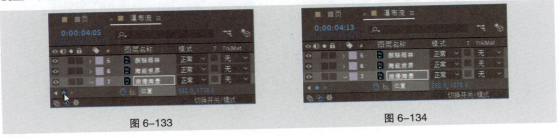

图 6-133　　　　　　　　　　　　　　　　图 6-134

（16）将时间标签放置在 0:00:06:13 的位置，单击"位置"选项左侧的"在当前时间添加或移除关键帧"按钮■，如图 6-135 所示，记录第 7 个关键帧。将时间标签放置在 0:00:06:21 的位置，设置"位置"选项为"552.0，733.0"，如图 6-136 所示，记录第 8 个关键帧。

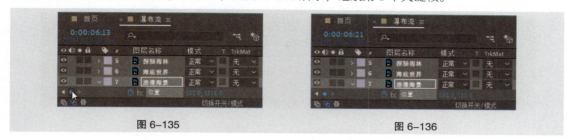

图 6-135　　　　　　　　　　　　　　　　图 6-136

（17）按住 Shift 键的同时，选中"浪漫海景"图层"位置"选项需要的关键帧，如图 6-137 所示。按 F9 键，将选中的关键帧转为缓动关键帧，如图 6-138 所示。

图 6-137　　　　　　　　　　　　　　　　图 6-138

（18）在"时间轴"窗口中，单击"图表编辑器"按钮■，进入图表编辑器窗口。分别拖曳控制点到适当的位置，如图 6-139 所示。再次单击"图表编辑器"按钮■，退出图表编辑器。

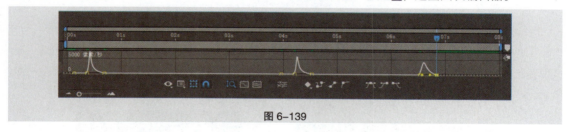

图 6-139

（19）将时间标签放置在 0:00:00:08 的位置，按 S 键，展开"缩放"选项，按住 Shift 键的同时，按 T 键，展开"不透明度"选项，分别单击"缩放"选项和"不透明度"选项左侧的"关键帧自动记录器"按钮■，如图 6-140 所示，记录第 1 个关键帧。将时间标签放置在 0:00:00:09 的位置，设置"缩放"选项为"100.0，150.0%"，设置"不透明度"选项为"50%"，如图 6-141 所示，记录第 2 个关键帧。

图 6-140　　　　　　　　　　　　　　　　图 6-141

（20）将时间标签放置在 0:00:00:17 的位置，设置"缩放"选项为"100.0，100.0%"，设置"不透明度"选项为"100%"，如图 6-142 所示，记录第 3 个关键帧。选中"缩放"选项和"不透明度"选项全部关键帧，按 Ctrl+C 组合键，复制关键帧。将时间标签放置在 0:00:04:01 的位置，按 Ctrl+V 组合键，粘贴关键帧，如图 6-143 所示。

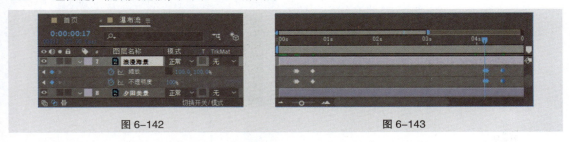

图 6-142   图 6-143

（21）用上述方法对其他图层进行"位置"选项、"缩放"选项和"不透明度"选项动画制作，并设置不同的出场时间，效果如图 6-144 所示。

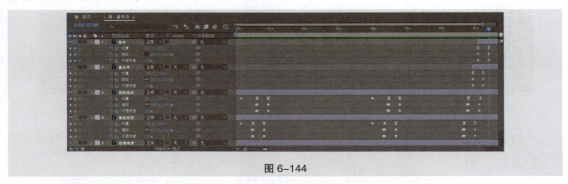

图 6-144

7. 制作详情页动画

（1）在"项目"窗口中双击"02"合成，进入合成编辑窗口。按 Ctrl+K 组合键，在弹出的"合成设置"对话框中进行设置，如图 6-145 所示。单击"确定"按钮完成设置。"项目"窗口如图 6-146 所示。

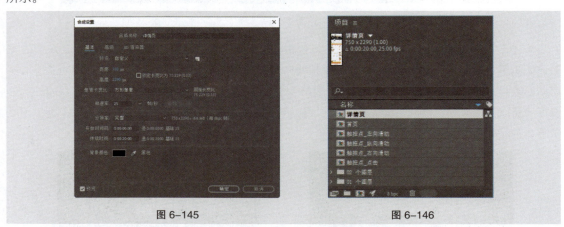

图 6-145   图 6-146

（2）选中"立即预定"图层，按 P 键，展开"位置"选项，设置"位置"选项为"375.0，1534.0"，如图 6-147 所示。选中"Home Indicator"图层，按 P 键，展开"位置"选项，设置"位置"选项为"375.0，1592.0"，如图 6-148 所示。

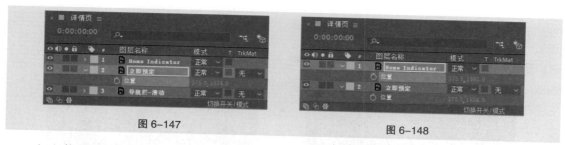

图 6-147 　　　　　　　　　　　　　　　　图 6-148

（3）将"列表 - 默认"图层的"父集和链接"选项设置为"6. 房屋信息"，如图 6-149 所示。用相同的方法设置其他图层，如图 6-150 所示。

图 6-149 　　　　　　　　　　　　　　　　图 6-150

（4）将时间标签放置在 0:00:03:05 的位置，选中"房屋信息"图层，按 P 键，展开"位置"选项，单击"位置"选项左侧的"关键帧自动记录器"按钮，如图 6-151 所示，记录第 1 个关键帧。将时间标签放置在 0:00:03:15 的位置，设置"位置"选项为"375.0，217.0"，如图 6-152 所示，记录第 2 个关键帧。

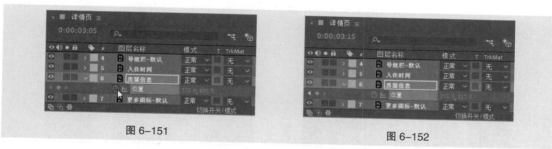

图 6-151 　　　　　　　　　　　　　　　　图 6-152

（5）将时间标签放置在 0:00:05:03 的位置，单击"位置"选项左侧的"在当前时间添加或移除关键帧"按钮，如图 6-153 所示，记录第 3 个关键帧。将时间标签放置在 0:00:05:10 的位置，设置"位置"选项为"375.0，-171.0"，如图 6-154 所示，记录第 4 个关键帧。

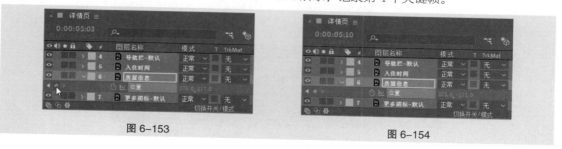

图 6-153 　　　　　　　　　　　　　　　　图 6-154

（6）将时间标签放置在0:00:05:20的位置，选中"列表－默认"图层，按P键，展开"位置"选项，设置"位置"选项为"375.0，1755.0"，单击"位置"选项左侧的"关键帧自动记录器"按钮 ⏱ ，如图6-155所示，记录第1个关键帧。将时间标签放置在0:00:06:00的位置，设置"位置"选项为"375.0，2395.0"，如图6-156所示，记录第2个关键帧。

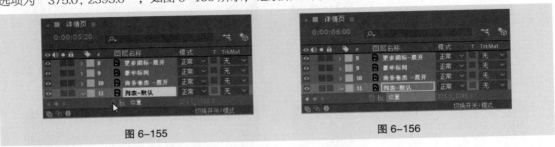

图 6-155　　　　　　　　　　　　　　　　图 6-156

（7）将时间标签放置在0:00:05:20的位置，选中"商务套房－展开"图层，按Alt+ [键，设置动画的入点，如图6-157所示。

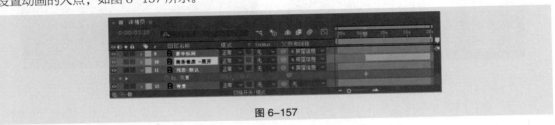

图 6-157

（8）将时间标签放置在0:00:05:21的位置，按T键，展开"不透明度"选项，设置"不透明度"选项为"0%"，单击"不透明度"选项左侧的"关键帧自动记录器"按钮 ⏱ ，如图6-158所示，记录第1个关键帧。将时间标签放置在0:00:05:24的位置，设置"不透明度"选项为"100%"，如图6-159所示，记录第2个关键帧。

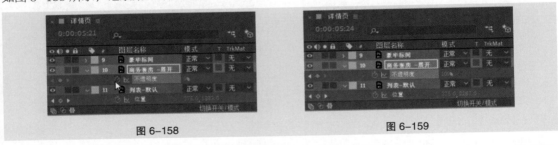

图 6-158　　　　　　　　　　　　　　　　图 6-159

（9）将时间标签放置在0:00:05:19的位置，选中"更多图标－默认"图层，按Alt+] 组合键，设置动画的出点。将时间标签放置在0:00:05:20的位置，选中"更多图标－展开"图层，按Alt+ [组合键，设置动画的入点，如图6-160所示。

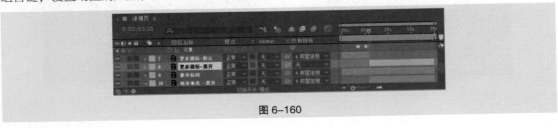

图 6-160

（10）将时间标签放置在 0:00:03:08 的位置，选中"导航栏 – 滑动"图层，按 T 键，展开"不透明度"选项，设置"不透明度"选项为"0%"，单击"不透明度"选项左侧的"关键帧自动记录器"按钮◎，如图 6-161 所示，记录第 1 个关键帧。将时间标签放置在 0:00:03:16 的位置，设置"不透明度"选项为"100%"，如图 6-162 所示，记录第 2 个关键帧。

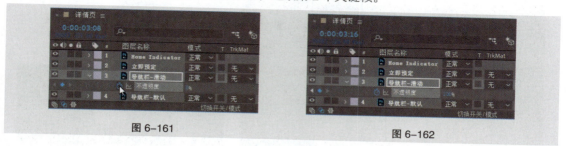

图 6-161   图 6-162

（11）单击"不透明度"选项，将该选项关键帧全部选中。按 F9 键，将关键帧转为缓动关键帧，如图 6-163 所示。

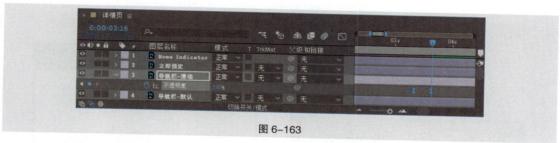

图 6-163

8. 制作最终效果

（1）按 Ctrl+N 组合键，弹出"合成设置"对话框，在"合成名称"文本框中输入"最终效果"，设置"背景颜色"为浅青色（199、228、236），其他选项的设置如图 6-164 所示。单击"确定"按钮，创建一个新的合成"最终效果"。

（2）选择"圆角矩形工具"▢，在工具栏中设置"填充颜色"为白色，设置"描边宽度"为 0 像素，在"合成"窗口中拖曳绘制图形，在鼠标未放开之前滚动鼠标滚轮调整圆角大小。效果如图 6-165 所示。在"时间轴"窗口中自动生成"形状图层 1"图层。

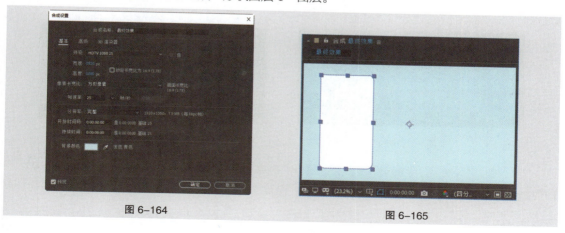

图 6-164   图 6-165

（3）展开"形状图层 1"图层"内容 > 矩形 1 > 矩形路径 1"选项组，设置"大小"选项为"442.0，958.0"，设置"圆度"选项为"36.0"，如图 6-166 所示。按 P 键，展开"位置"选项，设置"位置"选项为"696.5，539.0"，如图 6-167 所示。

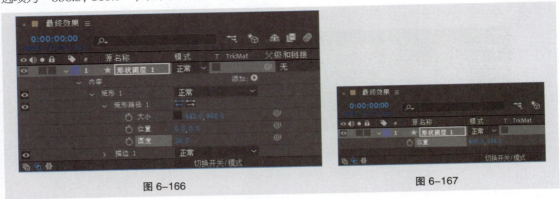

图 6-166　　　　　　　　　　　　　　　图 6-167

（4）按 Ctrl+D 组合键，复制图层生成"形状图层 2"。按 P 键，展开"位置"选项，设置"位置"选项为"1235.5，539.0"，如图 6-168 所示。"合成"窗口中的效果如图 6-169 所示。

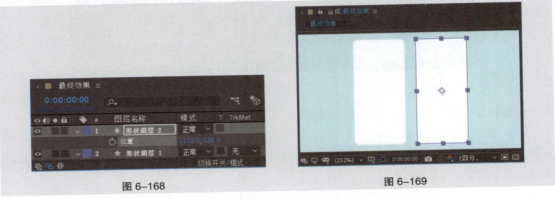

图 6-168　　　　　　　　　　　　　　　图 6-169

（5）在"项目"窗口中选中"首页"合成，将其拖曳到"时间轴"窗口中并放置在"形状图层 1"图层的下方，如图 6-170 所示。将"[首页]"图层的"T TrkMat"选项设置为"Alpha 遮罩'形状图层 1'"，如图 6-171 所示。

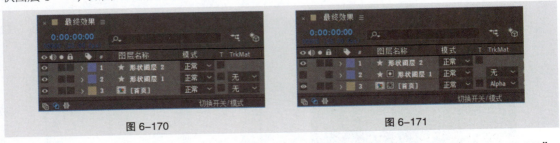

图 6-170　　　　　　　　　　　　　　　图 6-171

（6）选中"[首页]"图层，按 S 键，展开"缩放"选项，设置"缩放"选项为"59.0，59.0%"，按住 Shift 键的同时按 P 键，展开"位置"选项，设置"位置"选项为"698.0，1120.0"，如图 6-172 所示。"合成"窗口中的效果如图 6-173 所示。

图 6-172   图 6-173

（7）在"项目"窗口中选中"详情页"合成，将其拖曳到"时间轴"窗口中并放置在"形状图层 2"图层的下方，如图 6-174 所示。将"［详情页］"图层的"T TrkMat"选项设置为"Alpha 遮罩'形状图层 1'"，如图 6-175 所示。

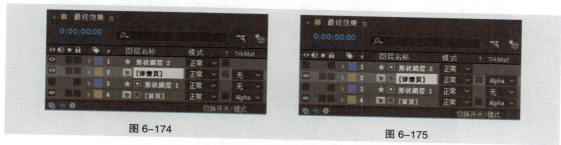

图 6-174   图 6-175

（8）选中"［详情页］"图层，按 S 键，展开"缩放"选项，设置"缩放"选项为"59.0，59.0%"，按住 Shift 键的同时按 P 键，展开"位置"选项，设置"位置"选项为"1235.0，736.0"，如图 6-176 所示。"合成"窗口中的效果如图 6-177 所示。

图 6-176   图 6-177

（9）在"项目"窗口中选中"触控点 _ 纵向滑动"合成，将其拖曳到"时间轴"窗口中，并放置在"形状图层 2"图层的上方，如图 6-178 所示。按 P 键，展开"位置"选项，设置"位置"选项为"704.0，723.0"，如图 6-179 所示。

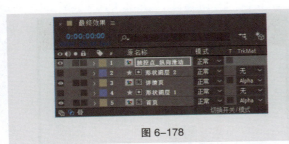

图 6-178　　　　　　　　　　　　图 6-179

（10）在"项目"窗口中选中"触控点_左向滑动"合成，并将其拖曳到"时间轴"窗口中，如图 6-180 所示。按 P 键，展开"位置"选项，设置"位置"选项为"851.0，201.0"，如图 6-181 所示。

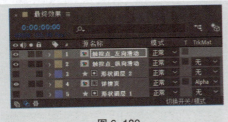

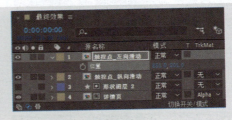

图 6-180　　　　　　　　　　　　图 6-181

（11）将时间标签放置在 0:00:01:00 的位置，按 Alt+[组合键，设置动画的入点，如图 6-182 所示。

图 6-182

（12）在"项目"窗口中选中"触控点_右向滑动"合成，并将其拖曳到"时间轴"窗口中，如图 6-183 所示。按 P 键，展开"位置"选项，设置"位置"选项为"512.0，201.0"，如图 6-184 所示。

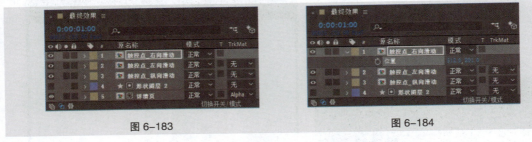

图 6-183　　　　　　　　　　　　图 6-184

（13）将时间标签放置在 0:00:02:0 的位置，按 Alt+[组合键，设置动画的入点，如图 6-185 所示。

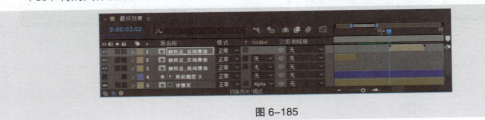

图 6-185

234

UI 动效设计与制作（全彩慕课版）

（14）在"项目"窗口中选中"触控点_纵向滑动"合成，并将其拖曳到"时间轴"窗口中，如图6-186所示。按P键，展开"位置"选项，设置"位置"选项为"1240.0，632.0"，如图6-187所示。

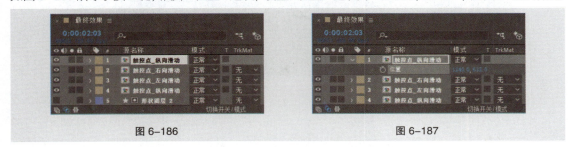

图 6-186　　　　　　　　　　　　　　　　　　图 6-187

（15）将时间标签放置在0:00:03:00的位置，按Alt+[组合键，设置动画的入点，如图6-188所示。

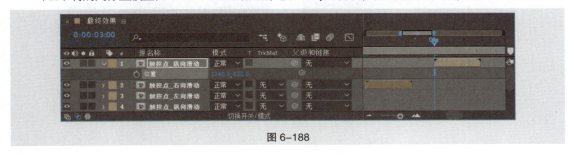

图 6-188

（16）按Ctrl+D组合键，复制图层，按P键，展开"位置"选项，设置"位置"选项为"696.0，724.0"。将时间标签放置在0:00:03:18的位置，按Alt+[组合键，设置动画的入点，如图6-189所示。

图 6-189

（17）按Ctrl+D组合键，复制图层，按P键，展开"位置"选项，设置"位置"选项为"1236.0，766.0"。将时间标签放置在0:00:04:22的位置，按Alt+[组合键，设置动画的入点，如图6-190所示。

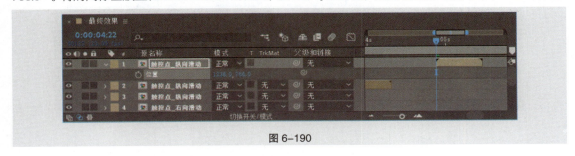

图 6-190

（18）按Ctrl+D组合键，复制图层，按P键，展开"位置"选项，设置"位置"选项为"690.0，738.0"。将时间标签放置在0:00:06:07的位置，按Alt+[组合键，设置动画的入点，如图6-191所示。

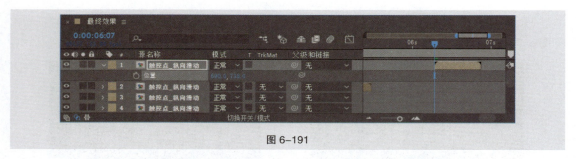

图 6-191

（19）在"项目"窗口中选中"触控点 _ 点击"合成，并将其拖曳到"时间轴"窗口中，如图 6-192 所示。按 P 键，展开"位置"选项，设置"位置"选项为"1410.0，429.0"，如图 6-193 所示。

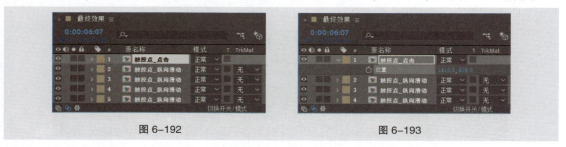

图 6-192   图 6-193

（20）将时间标签放置在 0:00:05:15 的位置，按 Alt+[组合键，设置动画的入点，如图 6-194 所示。

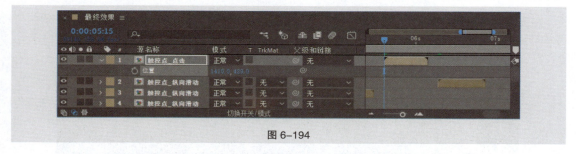

图 6-194

（21）选择"图层 > 新建 > 纯色"命令，弹出"纯色设置"对话框，在"名称"文本框中输入"背景"，将"颜色"设置为浅青色（199、228、236），单击"确定"按钮，在当前合成中建立一个新的浅青色纯色层，如图 6-195 所示。将"背景"图层拖曳到底部，如图 6-196 所示。旅游出行 App 界面制作完成。

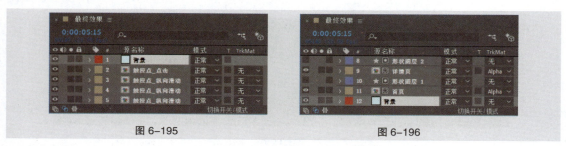

图 6-195   图 6-196

6.1.3 文件保存

选择"文件 > 保存"命令，弹出"另存为"对话框，在对话框中选择文件要保存的位置，在"文件名"

文本框中输入"工程文件.aep"，其他选项的设置如图 6-197 所示。单击"保存"按钮，将文件保存。

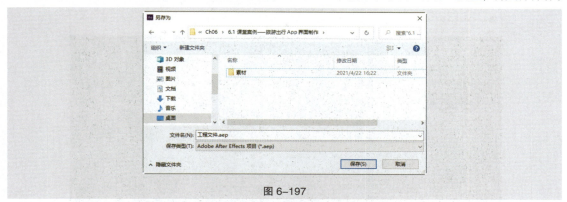

图 6-197

6.1.4　渲染导出

（1）选择"合成 > 添加到 Adobe Media Encoder 队列"命令，系统自动打开 Adobe Media Encoder 软件并将文件添加到 Adobe Media Encoder 软件的"队列"窗口中，如图 6-198 所示。

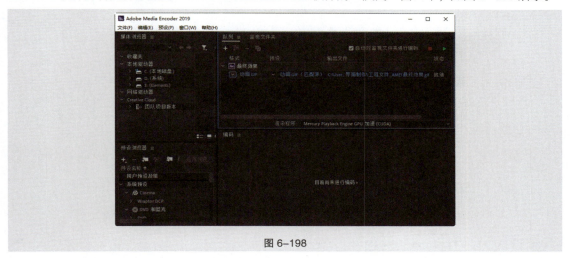

图 6-198

（2）单击"格式"选项组中的下拉按钮▼，在弹出的下拉列表中选择"动画 GIF"选项，其他选项的设置如图 6-199 所示。

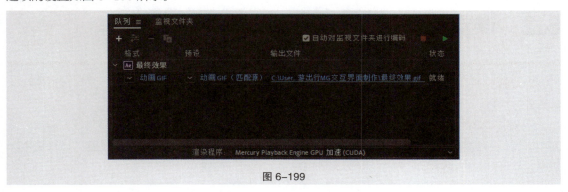

图 6-199

（3）设置完成后单击"队列"窗口中的"启动队列"按钮 ，进行文件渲染，如图 6-200 所示。

图 6-200

（4）渲染完成后在输出文件位置可以看到 GIF 动画文件，如图 6-201 所示。

图 6-201

6.2 课堂练习——电商平台 App 界面制作

【案例学习目标】学习综合使用变换属性、关键帧、图表编辑器、轨道遮罩、父集和链接和合成嵌套。

【案例知识要点】使用"圆角矩形工具"绘制图形，添加"位移路径"来位移路径，使用"父集和链接"选项制作动画效果，使用"图表编辑器"按钮打开"动画曲线"调节动画的运动速度，使用"T TrkMat"选项制作轨道遮罩效果。电商平台 App 界面制作效果如图 6-202 所示。

【效果所在位置】云盘 \Ch06\6.2　课堂练习——电商平台 App 界面制作 \ 工程文件 .aep。